Carl Heine

Angeborne Atresie des ostium arteriosum dextrum

Beitrag zur Lehre von den angeborenen Herzanomalien

Carl Heine

Angeborne Atresie des ostium arteriosum dextrum
Beitrag zur Lehre von den angeborenen Herzanomalien

ISBN/EAN: 9783744668637

Hergestellt in Europa, USA, Kanada, Australien, Japan

Cover: Foto ©berggeist007 / pixelio.de

Weitere Bücher finden Sie auf **www.hansebooks.com**

Vorwort.

Die in den folgenden Blättern niedergelegten Untersuchungen bildeten ursprünglich den Inhalt meiner der medizinischen Fakultät zu Tübingen vorgelegten Inauguralabhandlung. Wenn ich es nicht unterlasse, dieselben auch einem grösseren Kreise zugänglich zu machen, so thue ich es im Vertrauen darauf, dass die grosse Seltenheit der von mir in Betracht gezogenen Missbildung des menschlichen Herzens, der Gewinn, der durch die eingehende Erforschung eines solchen concreten Falles für die Erledigung gewisser Fragen von weiter greifendem Interesse sich erzielen liess, meinen Schritt zu rechtfertigen im Stande sein werde. Die Benützung des nunmehr der hiesigen anatomischen Sammlung einverleibten Falles zum Zwecke vorliegender Abhandlung wurde mir durch die Güte ihres Vorstandes, des Herrn Prof. Dr. Luschka, möglich gemacht. Indem ich meinem hochverehrten Lehrer hiefür wie für die Freundlichkeit, mit der er mir bei ihrer Bearbeitung seinen Rath zu Theil werden liess, meinen aufrichtigsten Dank an dieser Stelle ausspreche, übergebe ich diese Schrift der wohlwollenden Aufnahme und nachsichtigen Beurtheilung ihrer Leser.

Tübingen im Juni 1861.

Der Verfasser.

Einleitung.

Bis in die letzten Jahrzehnte herein hatte man sich gewöhnt, unter der wenig wissenschaftlichen Bezeichnung: „**Blausucht, blaue Krankheit** (cyanosis, cyanopathia)", oder, wie sie sich in der französischen und englischen Literatur wiederfindet: „maladie bleue", „blue disease", eine Reihe der wichtigsten **angeborenen Missbildungen des Herzens**, resp. der grossen Gefässe, zusammenzufassen, welche, wie man irrthümlicherweise annahm, durch die Vermischung von arteriösem und venösem Blute das augenfälligste Symptom dieser Zustände, die intensiv blaue Färbung der Haut, bedingen sollten. Wenn nun einerseits dieser Irrthum bezüglich der Entstehung der Cyanose bei den genannten Herzanomalieen heutzutage glücklich überwunden ist, so darf andererseits dieses Leiden selbst nicht mehr als Inbegriff congenitaler Herzfehler gedacht werden, indem, ganz abgesehen von später erworbenen Erkrankungen der Circulations- und Respirationsorgane, auch gewissen angeborenen Affektionen der Lungen die cyanotische Färbung der Hautdecken zukommen kann, und wiederum in einer Reihe von Fällen angeborener Herzmissbildungen nachgewiesenermaassen dieses Phänomen gänzlich vermisst wird (so vorzüglich bei einfachen Defekten in den Septis, Offenbleiben des Foramen ovale etc.). Mag es nun aber auch, trotz der für die Herzkrankheiten so werthvoll gewordenen Hülfsmittel der physikalischen Diagnostik, vom klinischen Standpunkte aus noch nicht ermöglicht sein, ebensoviele diagnostisch unterscheidbare Krankheitsbilder aufzustellen, als es Arten von Missbildungen des Herzens am lebensfähigen Individuum gibt, mag selbst der geübte Blick des erfahrenen Praktikers in manchen Fällen auf die Erkenntniss einer angeborenen Herzanomalie überhaupt sich beschränken müssen oder diese in ihrer Symptomlosigkeit der Beobachtung völlig unzugänglich sein, so haben uns doch inzwischen die grossen Fortschritte der pathologischen Anatomie in unserem Jahrhundert desto helleres Licht in dieses Gebiet gebracht. Vor Allem sind es die Engländer, denen wir auf diesem Felde das Meiste zu danken haben, und die Werke eines Burns und Hope, sowie die spezielleren Abhandlungen von Farre, Williams, Todd, Craigie, und aus der neueren Zeit von Chevers, und besonders die vortreffliche Schrift von Peacock: „On malformations of the human heart", verdienen hier vor anderen genannt zu werden. Von deutschen Schriftstellern, die einschlägige werthvolle Arbeiten geliefert, sind vorzüglich J. F. Meckel, Otto, Hein, Haase, Friedberg, Förster, und aus neuester Zeit H. Meyer, der unser vorgesetztes Thema spezieller behandelte, von Franzosen endlich Männer wie Lännec, Corvisart, Bouillaud, Louis, und später Deguise und Pize hervorzuheben. Die erfolgreichen Forschungen dieser Autoren, welchen die gewichtigen Errungenschaften der neueren Embryologie hülfreich zur Seite giengen, haben uns eine umfassende Kenntniss aller am Herzen des Menschen vorkommenden Missbildungen verschafft und ihre Deutung aus dem normalen Entwicklungsgange desselben beim Fötus und etwaigen störend darauf einwirkenden Einflüssen gelehrt.

Schon früher war man nämlich auf die Aehnlichkeit aufmerksam geworden zwischen den Formen missgebildeter Organe, so gerade des Herzens, und denjenigen Formen, welche dieselben während ihrer Entwicklung durchlaufen. Man erkannte, dass die grösste Zahl der Missbildungen gewisse Stufen der Entwicklung darstellen, auf welchen die Bildung stehen geblieben war, oder von welchen aus sie sich nicht dem Typus gemäss weiter entwickelt hatte.

Die gleichzeitige Ausbildung der vergleichenden Anatomie lehrte auch von dieser Seite die Analogie bleibender Formen mit vorübergehenden in der Embryonalentwicklung, als Ergebniss ihrer Forschungen über den Bau der Organe bei den verschiedenen Thieren kennen.

Aber nicht genug damit war man von Anfang herein bemüht gewesen, eine gleiche Uebereinstimmung zwischen gewissen Missbildungen menschlicher Organe und der normalen Form ihrer Aequivalente beim Thiere aufzustellen. Man wollte so eine Reihe einander gleich zu setzender Formationen aus dem Gebiete der Missbildungen, aus den verschiedenen Entwicklungsperioden des menschlichen Fötus und den bleibenden Organisationen niederer Thierklassen aufgefunden haben.

Einzelne Forscher, wie Meckel, Schultze u. A. giengen darin so weit, dass sie diese Thierähnlichkeit der Embryonen und Missbildungen so auffassten, als durchliefe das höhere Wirbelthier und besonders der menschliche Embryo in seiner Entwicklung die Formen niederer Thiere und sei daher auf einer gewissen Stufe ein Fisch, ein Amphibium, ein Vogel, ein Säugethier und endlich ein Mensch, so dass daher auch ein menschlicher Fötus, der auf einer dieser Bildungsstufen stehen bliebe, und ein einzelnes Organ, das die Charaktere einer solchen Periode noch im extrauterinen Leben als Missbildung an sich trüge, der Aehnlichkeit mit einem Fisch, einem Frosch, einem Vogel etc., resp. deren Organen, bezüchtigt werden könne.

Ganz ausdrücklich tritt C. A. S. Schultze für diese Ansicht in die Schranken, indem er an einer Stelle [1] sagt: „Die Altersverschiedenheit beruht auf der merkwürdigen und wichtigen Erscheinung, dass alle Individuen, je nachdem sie einer einfacher oder zusammengesetzter gebauten Art angehören,

---

[1] Lehrb. der vergl. Anatomie Bd. I. Berlin 1828. § 9. Nr. 5. u. adnot. 1. p. 8.

eine geringere oder grössere Zahl von Bildungsstufen durchlaufen, welche der bleibenden Organisation der unter ihnen stehenden unvollkommneren Thiere im Wesentlichen ähnlich sind", und an einer anderen: „Niemals sind die vorübergehenden Formen der höheren Thiere den bleibenden der niederen ganz gleich; die spezielle Betrachtung der Altersverschiedenheiten beweist diess für jedes Organ. Schon in den ersten Anfängen kann man das Ziel erkennen, worauf der Bildungstrieb hinarbeitet etc." .

Die richtige Erklärung und Begründung der genannten Analogieen lernten wir erst durch v. Bär kennen, welcher diese allzukühnen Auslegungen auf ihr rechtes Maass zurückführte, indem er nachwies, dass die Embryonen der Wirbelthiere und des Menschen in früher Zeit eine gewisse Summe gleicher und ähnlicher Organe besitzen, die sich in der Folge nach verschiedenen Typen entwickeln, so dass sie bei dem einen auf einer gewissen Stufe verharren, bei dem anderen sich weiter metamorphosiren, bei dem dritten sogar wieder regressiv werden. Bleibt nun der zu höherer Entwicklung bestimmte Embryo auf der Stufe stehen, die der vollkommenen Ausbildung des niederen entspricht, so wird er eine gewisse Aehnlichkeit mit letzterem darbieten, und Missbildungen, die, wie so viele, aus einer solchen Bildungshemmung hervorgehen, werden demjenigen Thier-Typus, bei welchem der bezügliche Grad der Entwicklung die Norm ist, vergleichbar sein.

So finden wir, concret gesprochen, unter den Missbildungen des menschlichen Herzens, ganz abgesehen von dem nur eine Cavität repräsentirenden, einkammerigen Herzen, welches der Herzform der Crustaceen an die Seite zu stellen wäre, eine Aehnlichkeit zwischen der, aus nur einer Kammer und einer Vorkammer konstituirten Herzmissbildung und dem Herzen der Fische und Batrachier (zur Zeit der Kiemenathmung), eine solche zwischen dem aus zwei Atrien und einem Ventrikel bestehenden menschlichen Herzen (bei welchem die Trennung in zwei Vorkammern noch ziemlich unvollständig sein kann wie beim Proteus und den Coecilien) und dem Herzen der entwickelten Batrachier, dessgleichen eine Uebereinstimmung zwischen der zwar vier selbstständige Cavitäten, aber eine noch unvollständige Ventrikelscheidewand enthaltenden Missbildung und der Herzform der Reptilien mit Ausnahme der Crocodile (wobei die grossen Gefässe wie bei den niederen Amphibien noch verschmolzen, oder wie bei den Crocodilen schon getrennt sein können). Endlich begegnet uns noch die Analogie zwischen dem abnorm offengebliebenen foramen ovale beim Menschen und diesem normal persistirenden Verbindungsweg bei den Schildkröten und manchen tauchenden Säugethieren, sowie zwischen dem nicht obliterirten ductus Botalli bei menschlichen Bildungsanomalieen und diesem regelmässig offen bleibenden Gange bei den Reptilien etc.

Sofern nun diese in ihrer Thierähnlichkeit merkwürdigen Missbildungen des Herzens ihre Entstehung, mit Henle zu sprechen, einer Abweichung von der Idee der Gattung, und zwar für die Mehrzahl einer Bildungshemmung verdanken, stellen sie die eine grosse Gruppe der Missbildungen dieses Organs dar. Ihr gegenüber stehen in ätiologischer Beziehung diejenigen Missbildungen, welche als unmittelbare Produkte einer fötalen Erkrankung, deren untrügliche Spuren sie noch an sich tragen, aufgefasst werden müssen. Es haben zwar in neuerer Zeit einzelne Autoren, darunter vorzüglich Otto und Förster dieser letzteren Entstehungsweise der Missbildungen als der allgemein gültigen das Wort geredet und die Ansicht aufgestellt, dass die Krankheiten des Fötus überhaupt die einzige Quelle dieser Anomalieen seien. Ohne nun im Mindesten bezweifeln zu wollen, dass der Mensch schon in seinem ersten Keime und durch alle Perioden des embryonalen Lebens hindurch der Einwirkung krankhafter Störungen eben so gut unterworfen sein kann als von der Stunde seiner Geburt bis zu seinem Todestage, ohne irgend zu bestreiten, dass die Erscheinungen fötaler Erkrankungen und ihre Ausgleichungsprocesse, zumal so lang die Organe ihre reife Form noch nicht erhalten haben, andere sein mögen als im späteren Leben, glaube ich doch, dass die Auffassung jener Schriftsteller eine allzu einseitige und die genannte Entstehungsursache auf einen ganz bestimmten Kreis von Missbildungen zu beschränken sein dürfte. Denn gewiss Niemand wird, um bei unserem Thema stehen zu bleiben, in einer Transposition der grossen Gefässe, einem Offenbleiben des Foramen ovale, soweit es für sich allein vorkommt, oder in zurückgebliebenen Lücken in der Ventrikelscheidewand (abgesehen von sekundären Perforationen des sog. Septum membranaceum) das Produkt und Residuum einer Erkrankung wiederfinden wollen.

Steht es nach dem Gesagten fest, dass die Missbildungen des menschlichen Herzens bald durch Abweichung der Bildungsgesetze von dem normalen Typus (deren nächste Ursachen wir freilich nicht kennen), bald durch pathologische Vorgänge entstehen, so dürfen wir doch diese ätiologischen Momente nicht zum Eintheilungsprincip derselben benützen, indem ein und dieselbe Art der Missbildung auf beiderlei Weise herbeigeführt werden kann. Vielmehr lässt sich unstreitig zur Classifikation ihrer verschiedenen Formen nur der anatomische Charakter derselben verwenden.

Indem ich den engen Grenzen dieser kleinen Schrift entsprechend von den vielen Systemen Umgang nehme, welche von verschiedenen Schriftstellern der letzten Jahrhunderte (die Medicin des Alterthums und des Mittelalters schenkte diesem Zweige keine oder nur geringe Aufmerksamkeit) aufgestellt wurden, will ich nur noch, ehe ich zu unserem spezielleren Gegenstande übergehe, die Eintheilung der angeborenen Missbildungen des Herzens, welchen ich, an die Classifikation von Bischoff und Förster anlehnend, folgen möchte, zu besserer Einsicht in unser Thema vorausschicken. Demgemäss theile ich dieselben in zwei Hauptclassen ein, nämlich in solche, welche in ihren quantitativen, und solche, die in ihren qualitativen Verhältnissen von der Idee ihrer Gattung Abweichungen zeigen. Erstere zerfallen dann wieder in zwei Unterabtheilungen, je nachdem die Bildung das gewöhnliche

Mass der Grösse und Zahl überschreitet, oder hinter demselben zurückbleibt, also unvollständig, defect ist.

I. **Missbildungen, welche quantitativ von der Idee ihrer Gattung abweichen.**

A. Solche, die das gewöhnliche Maass der Grösse und Zahl nicht erreichen:
   a) Eigentliche Defecte (im engeren Sinn).
   1) Acardie, vollständiger Mangel des Herzens (nur bei Acephalie, wobei die Arterien für Rumpf und Extremitäten unmittelbar durch Theilung aus der Nabelvene hervorgehen).
   2) Mangel des Pericardium (hauptsächlich bei Ectopie).
   3) Mangel der grossen Gefässe am Herzen
      α) der einen oder andern Hohlvene (nur ein zum Herzen führender venöser Stamm),
      β) der A. pulmonalis (welche durch den ductus Botalli als Ast der Aorta ersetzt wird),
      γ) der Aorta ascendens (A. pulmonalis und ductus Botalli treten für sie ein),
      δ) des ductus arteriosus.
   b) Unvollständige Bildung des Herzens in seinen einzelnen Bestandtheilen (wie sie meist durch Bildungshemmung gesetzt wird).
   1) Herz aus nur einer länglichen Cavität (oder einer soliden Fleischmasse, Fall von Zagorsky [1]) bestehend, mit einer von hinten her nach einer geringen Erweiterung (Hohlvenensack) einmündenden Hohlvene und einer Stammarterie. Analogie mit dem Crustaceenherz.
   2) Herz aus einer Kammer und einer Vor-

---

[1] Nov. act. petrop. T. 15. a. 1806. p. 473—482.

kammer, jene mit dem Arterien-, diese mit dem Venenstamme. Herz der Fische und Batrachier (zur Zeit der Kiemenathmung).

3) **Herz aus zwei getrennten Vorkammern und einer einfachen Kammer.** Aorta und Lungenarterie bald getrennt, bald nicht. Hohlvenen und Lungenvenen getrennt. Die Abscheidung in zwei Vorkammern mehr weniger vollständig. Herz der entwickelten Batrachier.

4) **Unvollständige Ausbildung des Pericardium** (Boden desselben fehlt, Herzspitze zwischen den Leberlappen).

c) **Abnorme Kleinheit**
  1) des ganzen Herzens,
  2) einer Cavität desselben,
  3) Regelwidrige Kleinheit und Enge der Gefässe und ihrer Ostien (mit gleichzeitigem Fehlen oder Kleinheit der Klappen).

d) **Atresieen:**
  1) des rechten,
  2) des linken venösen Ostiums,
  3) des ostium arteriosum dextrum,
  4) des ostium arteriosum sinistrum,

sei's durch Verwachsung oder durch Klappenverschmelzung oder durch pathologische Processe entstanden.

  5) Obliteration des Stammes der A. pulmonalis,
  6) Obliteration des Stammes der Aorta.

e) **Spaltbildungen:**
  1) Lücken (offen gebliebene oder durch Perforation entstandene) in der Ventrikelscheidewand.
  2) Offenbleiben des Foramen ovale.

B. **Missbildungen, die das gewöhnliche Maass der Grösse und Zahl überschreiten** (Deform. per excessum).

a) **Missbildungen durch Ueberzahl:**
  1) Doppeltsein des Herzens bei einfachem Körper.
  2) Doppeltsein eines Vorhofs.
  3) Doppeltsein eines Ventrikels (am häufigsten des rechten durch Abschnürung des Conus arteriosus in Folge fötaler Erkrankung, was die Engländer als „supernumerary septum in the right ventricle" beschreiben.
  4) Doppeltsein eines der grossen Gefässe.
  5) Ueberzahl der Klappen an den Ostien.
b) **Missbildungen durch abnorme Grössenentwicklung.**
  1) Abnorme Grösse des Herzens oder
  2) eines Hohlraums desselben allein.
  3) Abnorme Weite des Herzbeutels.
  4) Abnorme Grösse und Weite der grossen Gefässe.

II. **Missbildungen, welche qualitativ von der Idee ihrer Gattung differiren.**

a) **Gestaltabweichungen des Herzens** (kugelige, platte, lange und spitzige, stumpfe und breite, an der Spitze ungewöhnlich tief eingekerbte Form etc.).
b) **Lageabweichungen des Herzens:**
  1) **Abnorme Lage innerhalb des Brustraums:**
    α) Zu starke Linkslage des Herzens,
    β) Dextrocardie,
    γ) Querlage,
    δ) perpendiculäre,
    ε) zu hohe,
    ζ) zu tiefe Lage des Herzens.
  2) **Abnorme Lage ausserhalb des Brustraums:**
    α) Lagerung desselben vor der gespaltenen Brustwand (Ectopie im eigentlichen Sinne).

β) Lage in der Bauchhöhle.
γ) Lage in der Halsgegend.

c) **Regelwidrige Anordnung der grossen Gefässe:**
1) Es entspringt nur ein grosser Gefässstamm aus beiden durch das offengebliebene Septum communicirenden Kammern.
2) Ursprung der A. pulmonalis mit der Aorta aus dem linken Ventrikel.
3) Ursprung der Aorta mit der A. pulmonalis aus dem rechten Ventrikel.
4) Transposition der beiden grossen arteriellen Gefässstämme.
5) Offenbleiben des ductus arteriosus Botalli (diese Missbildung zählen wir mit Bischoff zu den qualitativen, weil dieser Gang, der die ursprüngliche Aorta dextra darstellte, sich hier nicht dem Charakter der Gattung entsprechend metamorphosirt hat.
6) Regelwidrige Vertheilung und Ursprung der grossen Venen (selten).

Mit dieser durch das Schema gebotenen Trennung der Missbildungen in die aufgezählten Arten und Unter-Arten soll nun aber im Entferntesten nicht gesagt werden, dass dieselben auch im Leben in der gleichen bestimmten Abgrenzung von einander wiederkehren; vielmehr begegnen uns nicht selten die mannigfachsten Combinationen dieser Anomalieen an einem und demselben Individuum; nicht etwa als ob durch merkwürdige Naturspiele ein mehr zufälliges Nebeneinandervorkommen derselben beobachtet würde, sondern es gibt sich uns bei genauerer Prüfung ein inniger ätiologischer Zusammenhang gerade bei solchen zu erkennen, welche wir mit Vorliebe vereint anzutreffen pflegen. So ist eine aus den frühesten Zeiten embryonaler Entwicklung stammende Enge des einen oder anderen arteriellen Gefässstammes, resp. seines Ostiums, ganz gewöhnlich mit unvollständiger Ausbildung des Septum ventriculorum und einer regelwidrigen Anordnung und vicariirenden Erweiterung der anderen arteriellen Gefässbahn verbunden. So zieht ferner der vollständige Verschluss eines solchen Ostiums für die Regel neben jenen Missbildungen Offenbleiben des Foramen ovale und des Ductus Botalli nach sich. In beiden Fällen gehen diese „secundären" Anomalien mit einer gewissen Nothwendigkeit aus der Entwicklung jener erstgenannten hervor. Sie bilden gewissermaassen compensirende Momente für die durch Verlegung eines Hauptabzugkanals so empfindlich gestörten circulatorischen Verhältnisse am fötalen Herzen. Wenn wir nach dem Gesagten für das practische Leben vielleicht mit grösserem Rechte bestimmte Combinationen von angeborenen Missbildungen des Herzens (neben selbstständig auftretenden Anomalieen) zu unterscheiden befugt wären, so ist deren Zusammentreffen doch wiederum von gewissen zeitlichen und räumlichen Bedingungen abhängig, wodurch keine Constanz in jenen Combinationen aufrecht erhalten wird, Verhältnisse, auf die wir im Weiteren ausführlicher zurückkommen werden.

Den vorausgehenden Andeutungen über Natur und Wesen der Missbildungen des menschlichen Herzens will ich im Folgenden nur noch einige Worte über die Häufigkeit des Vorkommens der einzelnen Arten derselben anreihen. Wir können sie im Allgemeinen von diesem Gesichtspunkte aus, parallel ihrer Bedeutung für die Lebensfähigkeit eines Individuums, in eine abwärts steigende Reihenfolge bringen, von den am häufigsten gefundenen, das Leben in keiner Weise bedrohenden Anomalieen im Verschluss der fötalen Wege am Herzen [1] her-

---

[1] Bizot fand unter 155 Leichen von Erwachsenen 44mal das Foramen ovale offen.

unter bis zu den niedrigsten Graden der Ausbildung dieses Organs, wie sie bei verschiedenen Missgeburten beobachtet wurden. So gehört der Mangel des Herzens (zugleich mit den Lungen) bei Anwesenheit des Kopfes und der Brust unstreitig unter die seltensten Bildungsabweichungen (während die Acardie acephalischer Missgeburten weniger selten beobachtet wird). Fast eben so selten noch ist die nur aus einer Cavität bestehende Herzform mit einem ausführenden arteriellen und einem einmündenden venösen Gefässstamm, ebenso die aus zwei und etwas häufiger die aus drei Cavitäten bestehenden Herzmissbildungen, und häufiger als diese wieder ist das in die normalen vier Höhlungen abgetheilte Herz mit unvollständig entwickelter Kammerscheidewand.

Von dem oben genannten unvollkommensten Grade der Entwicklung des Herzens, bei welchem dasselbe, etwa analog dem Crustaceenherz, nur einen einfachen Schlauch darstellt, der einem erweiterten Gefässstamme entspricht, existirt in der hiesigen anatomischen Sammlung ein **sehr merkwürdiger Fall**, den ich der Seltenheit des Vorkommens wegen in der Kürze zu beschreiben nicht unterlassen will. In der mir zu Gebote stehenden Literatur konnte ich nur **einen** von **Röderer**[1] ausführlicher beschriebenen Fall dieser Art auffinden, welcher dem unsrigen zur Seite gestellt werden könnte.

Das fragliche Herz gehört einem **Hemicephalus** aus dem siebenten Monate an, von dessen oberen Extremitäten nur die linke in Form eines 1½ C. langen, spitz auslaufenden Stummels angedeutet ist. Die unteren Gliedmassen sind in ihren verschiedenen Abtheilungen ausgebildet; die Füsse, varusartig deformirt, tragen nur zwei Zehen. **Die Brust enthält von Organen nur das Herz.** Dieses, welches seiner Entwicklung nach ungefähr dem fünfwöchentlichen Fötus entspricht, stellt einen in der Medianlinie liegenden, läng-

---

[1] Foetus parasitici descr. in Comm. soc. Gött. Vol. IV. p. 125 ff.

lichen, nach vorwärts ausgebuchteten Schlauch dar, der annähernd an die Form des Magens erinnert. Sein oberes und unteres Ende setzt sich in einen einfachen, dicken Gefässstamm fort. Vor dem Uebergang in den unteren Gefässstamm findet man, noch bei äusserer Betrachtung, rechts und links eine mit hügeliger Oberfläche versehene Auftreibung, welche im Innern je einer geringen Ausbuchtung der Herzhöhle entspricht. Die übrige äussere Oberfläche des Herzens ist im Wesentlichen glatt. Der innere einfache Hohlraum gibt im Allgemeinen die äussere Form wieder und lässt sich, von den genannten etwa als Hohlvenensack zu deutenden Ausbuchtungen abgesehen, keine Spur von weiterer Abtheilung der Cavität erkennen. Die innere Oberfläche ist sehr uneben und zeigt viele untereinander verflochtene leistenartige Vorsprünge (trabeculae carneae), sowie eine Anzahl brückenartig an der Wandung ausgespannter chordae tendineae. Der so gestaltete Herzschlauch hat eine Länge von 2,5 Ctm. und eine grösste Breite von 2,2 Ctm. (in der Richtung von vorwärts nach rückwärts). In querem Durchmesser hat das Herz im Bezirke jener vorkammerartigen Ausbuchtungen eine Länge von 1,9 Ctm. Der am oberen Ende des Herzens befindliche Gefässstamm ist 7 Mllm. lang und ebenso lang der untere, soweit er dem Brustraum angehört, beide haben eine Breite von 5 M. Die Wandung des Herzens ist nicht an allen Stellen gleich dick; in maximo hat sie eine Mächtigkeit von 5 M., in minimo nur von 1 M. Die Substanz derselben besteht aus quergestreifter Muskulatur. An der inneren und äusseren Oberfläche ist sie von einer Membran überzogen, Endocardium und Pericardium viscerale, von welchen letztere mit der dünnen Zellstoffmembran continuirlich ist, die den ganzen Brustraum auskleidet. Der Herzbeutel, wenigstens dessen parietales Blatt, fehlt gänzlich. In dem durch ein vollständiges Zwerchfell von der Brust abgegrenzten Bauchraume befindet sich nur ein in mehreren Schlingen angeordneter Darmkanal. Von Milz und Nieren ist keine Spur vorhanden. Eine

Andeutung des linken Leberlappens findet sich links von dem unteren Gefässstamme vor seinem Durchtritt durch das Zwerchell in die Brusthöhle.

Hatten wir bei der obigen Aufstellung einer Häufigkeitsscala von den unvollkommneren zu den vollkommneren Formen von Missbildungen, hauptsächlich die Hemmungsbildungen im Auge, so könnten wir eine solche auch für die übrigen Arten quantitativer und qualitativer Missbildungen mit wenigen Ausnahmen durchführen. Ein besonderes Moment muss aber noch für diejenigen unter ihnen in Betracht gezogen werden, welche ihre Entstehung von einer fötalen Erkrankung herleiten. Erfahrungsgemäss befallen endocarditische und myocarditische Processe während des embryonalen Lebens mit derselben Vorliebe die rechte Herzhälfte, mit welcher sie für die Dauer des extrauterinen Lebens im linken Herzen sich localisiren. Bei einer Vergleichung der Missbildungen in beiden Herzabschnitten, soweit sie von solchen Vorgängen abhängen, vermögen wir daher ein häufigeres Vorkommen derselben im rechten Ventrikel, sei's als Abschnürung des conus arteriosus, sei's als Verengerung oder Verschliessung der Arteria pulmonalis etc. festzustellen, als der gleichbedeutenden Anomalieen im linken Ventrikel. Aber auch hier wieder bewähren sich die oben geltend gemachten Grundsätze, denen gemäss wir in der Literatur neben einer nicht geringen Zahl von angeborenen Stenosen der Pulmonararterien und Verengerungen der arteriellen Oeffnung der rechten Kammer, nur wenige Fälle von Obliteration der Lungenarterie und vollständigem Verschlusse des ostium arteriosum dextrum besitzen.

Diese letztere seltene Bildungsabweichung sei nun auch, anschliessend an den uns zu Gebote gestandenen, nicht uninteressanten Fall, an dessen eigenthümliche Verhältnisse sich die Besprechung mancher noch schwebender Fragen anknüpfen lässt, im Folgenden statt vieler Gegenstand unserer einlässlichen Darlegung. Die einleitenden Vorbemerkungen unserem specielleren Thema vorauszuschicken, hielt ich insofern für gerechtfertigt, als ich dadurch den Werth und die Bedeutung unserer Bildungsanomalie schon zum Voraus dem Verständniss näher zu bringen glaubte.

Atresie des Ostium arteriosum dextrum.

Wie schon der Name besagt, welchen wir unserer Arbeit vorangestellt haben, gehören in das engere Gebiet derselben eigentlich nur diejenigen, dem unserigen gleich zu beschreibenden, am nächsten verwandten Fälle, bei welchen ein **vollständiger Verschluss nur eben der arteriellen Oeffnung des rechten Ventrikels** stattfindet, während das Lumen der Pulmonalarterie jenseits ihrer scheidewandartig verlegten Mündung in seiner Permeabilität erhalten ist. Indessen finden wir in der Literatur durchgehends, ohne diese feinere Unterscheidung, die Fälle von **Obliteration des Stammes der Arteria pulmonalis** von ihrem Ursprung aus dem Ventrikel an in grösserer oder geringerer Ausdehnung bis zur Einmündung des Ductus arteriosus Botalli, mit den unserigen unter der gemeinschaftlichen Bezeichnung des **Verschlusses der Lungenarterienbahn** zusammengefasst, und somit werden wir auch auf diese, Behufs der Vergleichung, gebührende Rücksicht zu nehmen haben. Eine dritte Art von Missbildung, welche vielfach mit diesen beiden der Aehnlichkeit ihrer Consequenzen wegen zusammengestellt wurde, ist die **Abschnürung des Conus arteriosus** der rechten Kammer (supernumerary septum in the right ventricle) durch ein geschrumpftes schwieliges Exsudat in Folge eines während des Fötuslebens vorhanden gewesenen myocarditischen oder endocarditischen Processes. Von dieser dem rechten Ventrikel im engeren Sinne angehörigen Anomalie, welche schon nicht mehr innerhalb die uns vorgesteckten Grenzen fallen würde, glaube ich im Weiteren absehen zu können.

Gegenüber den durchaus nicht so seltenen angeborenen Stenosen der Pulmonalarterie stehen nun, wie schon angedeutet, die Fälle von vollständigem Verschluss ihrer Bahn in der Literatur sehr vereinzelt da. Unter den älteren und neueren Schriftstellern, welche, wie Meckel, Hein, Farre, H. Meyer, Peacock, übersichtliche Zusammenstellungen solcher Beobachtungen gegeben haben, bietet die vortreffliche Abhandlung: „Ueber angeborene Enge oder Verschluss der Lungenarterienbahn" von H. Meyer[1] den ausführlichsten tabellarischen Ueberblick dar.

In fünf Tabellen angeordnet, finden wir hier 82 Fälle aufgezählt, von welchen 16 in Tab. I Fälle von sog. wahrer Herzstenose des rechten Ventrikels oder Abschnürung des Conus arteriosus sind. Tab. II enthält 13 Fälle, wo Klappenerkrankungen Stenose der A. pulmonalis bewirkten; Tab. III 15 solche, wo Obliteration dieses Gefässes, wie Autor angibt, in Folge fötaler Erkrankung desselben zugegen war. Inhalt von Tab. IV bilden 33 Fälle von angeborener Enge der Lungenarterie und in Tabelle V endlich werden noch 5 Fälle von gänzlich unterbliebener Bildung dieser Arterie angefügt. Unter all' diesen 82 Fällen, speciell unter den 15 Fällen von Tabelle III finden sich nun nicht mehr als 4, welche unverkennbar als Fälle von reiner Atresie des Ostium arteriosum dextrum gekennzeichnet sind. Die übrigen 11 Fälle der genannten Tabelle sind nach ihrer Beschreibung solche von Obliteration des Stammes der Lungenarterie, wo dieses Gefäss zu „einem soliden Faden, einem sehnigen Bande, einem ligamentösen Rudimente", oder wie immer die Autoren es zu versinnbilden suchten, zusammengeschrumpft war. Nur in dreien derselben von Fleischmann,[2]

---

[1] Virchow's Archiv. Bd. XII. Heft 6. XXXI.
[2] Fleischmann's Leichenöffnungen. 1815. S. 193.

Duret [1] und Friedberg [2] lässt der gebrauchte unbestimmte Ausdruck: „Lungenarterie verschlossen" kein ganz entscheidendes Urtheil zu, in welche von beiden Kategorieen wir diese Fälle zu bringen haben, doch spricht die Wahrscheinlichkeit dafür, dass auch hier ein Verschluss des Gefässstammes, nicht bloss seiner Mündung gemeint ist.

Die erwähnten 4 Fälle, welche dem unsrigen am nächsten verwandt sind, wurden von Rokitansky, [3] Lediberder, [4] Howship [5] und Mauran [6] veröffentlicht. Ihre Charakteristick ist in kurzen Abrissen folgende.

Der Fall von Rokitansky betrifft ein Mädchen, welches 5 Tage gelebt hatte; bei demselben fand man das Herz in seiner rechten Hälfte enorm erweitert und hypertrophirt. Die Eustach'sche Klappe war entwickelt, dünn, mehrfach durchbrochen, das Foramen ovale gross, seine Klappe zart, nach dem linken Vorhof hingedrängt. Das Ostium arteriosum dextrum zeigte sich geschlossen, der Conus arteriosus endigte mit einem zugespitzten Gewölbe. Von der Lungenarterie her sah man hier in drei etwa hirsekorngrosse Sinus herein, unter welchen sie spitz und blind in den Conus arteriosus eingepflanzt war. Die Aorta hatte einen ungewöhnlichen Umfang; der Ductus arteriosus war nächst ihr weit, nächst der Lungenarterie enger. Das Septum ventriculorum war geschlossen.

Bei dem Falle von Lediberder, der einem 15 Tage alten Kinde entnommen ist, fand sich ein blinder Anfang der Lungenarterie wegen Verschlusses ihres Ostiums vor. Das Foramen ovale war offen, seine Klappe aber sufficient; der Ductus Botalli stellte einen sehr kurzen Gang mit einem Lu-

---

[1] Meckels Handbuch der pathol. Anatomie. Bd. I. S. 433.
[2] Friedberg, die angeb. Krankheiten des Herzens (Nr. 6). S. 109.
[3] Wochenblatt der Zeitschrift der K. K. Gesellschaft der Aerzte zu Wien. Jahrg. I. Nr. 14.
[4] Bulletin de la société anatomique. T. XI. p. 65.
[5] Edinburgh Journal. Vol. IX. p. 399.
[6] The Philadelphia Journal. Vol. XIV. p. 253.

men von 1 Linie im Durchmesser dar, das Septum ventriculorum hatte an seiner Basis eine Lücke, über welcher die Aorta aus beiden Ventrikeln entsprang.

Der dritte Fall von Howship gehörte einem Mädchen an, welches ein Alter von beinahe 6 Monaten erreicht hatte. Die Lungenarterie war hier sehr klein und dünnwandig, und, obgleich sie an der gewöhnlichen Stelle entstand, war sie doch gegen das Herz hin völlig verschlossen, indem sie sich gegen ihren Ursprung in einen blinden Sack endigte. Das eirunde Loch und ebenso der arteriöse Gang waren noch offen.

Der vierte Fall endlich von Mauran erwies gleichfalls einen blinden Anfang der Lungenarterie, dabei fehlte aber das Septum atriorum und ventriculorum gänzlich, der Ductus Botalli war durchgängig und die grossen Arterienstämme transponirt, durch welch' letztere Complication dieser Fall dem unserigen schon wieder ferner steht.

Peacock in seiner Abhandlung „On malformations of the human heart" erwähnt 24 Fälle von Verschluss der Lungenarterienbahn, hauptsächlich aus der englischen Literatur, die zu seiner Kenntniss gekommen. Den Reigen derselben eröffnet ein von Dr. Hunter im Jahr 1783 in seinen Medical Observ. and Inq. Vol. VI. p. 291 publicirter Fall und andere bis in die neueste Zeit schliessen sich demselben an. Obgleich Peacock den Unterschied zwischen einer über das ganze Gefäss sich erstreckenden Unwegsamkeit und einer auf dessen Ostium beschränkten Undurchgängigkeit recht wohl zu machen wusste, führt er doch nicht an, wie vielen von den obigen 24 Fällen nur die letztere Missbildung eigen war, und wir vermögen daher aus dessen Angaben die Zusammenstellung der speciell hieher gehörigen Fälle nicht zu vervollständigen.

Dagegen finden wir bei Hein in seiner Dissertation: „De istis cordis deformationibus, quae sanguinem venosum cum arterioso misceri permittunt" noch einen Fall, den wir als 5ten den obigen 4 anreihen können, von Hunter, bei welchem die A. pulmonalis sehr eng war und blind aus dem rechten Ventrikel entsprang. Der Ductus arteriosus bildete eine noch offene Kommunikation zwischen beiden arteriellen Gefässstämmen. Die übrigen Fälle der von Hein gegebenen Uebersicht, sowie diejenigen, welche von Meckel.[1] in seiner Tabelle aufgeführt werden, sind, soweit sie hier in Vergleich kommen können, in der tabellarischen Zusammenstellung von H. Meyer wieder benützt.

Den 5 unzweifelhaften Beobachtungen von Atresie des Ostium arteriosum dextrum, die ich in der Literatur vorgefunden, schliesse ich nun als 6ten unseren Fall an, dessen Beschreibung ich einer genaueren Erörterung der daran sich knüpfenden Fragen vorausschicken will.

Leider können sich meine Angaben darüber nur auf die Verhältnisse an dem missbildeten Herzen selbst beziehen, weil ich nur dieses Organ einer näheren eigenhändigen Untersuchung unterwerfen konnte. Was ich über die Lebensverhältnisse und den Sectionsbefund des Individuums, dem das Herz angehörte, sagen kann, verdanke ich der gefälligen Mittheilung des Herrn Dr. Salzmann, der den Fall während des Lebens beobachtete und die Section desselben vornahm. Es ist in Kurzem Folgendes:

„Das Kind, dessen Leiche das fehlerhaft gebildete Herz entnommen ist, ist das zweitgeborene unter vier Geschwistern und gleich den übrigen weiblichen Geschlechts. Das älteste, vielleicht an einem ähnlichen Bildungsfehler leidend, kam scheintodt zur Welt, war schwer zum Leben zu bringen, und starb schon nach 48 Stunden, nachdem es die Zeit über beständig geschrieen, an Convulsionen gelitten und schliesslich betäubt gewesen war, ohne dass eine Ursache dieses Zustandes gefunden werden konnte, da nur die Eröffnung des Kopfes gestattet wurde und diese nichts Besonderes ergab. — Das zweite Kind, welches zwei Jahre später geboren wurde, war dasjenige mit dem mangelhaften Herzen. Schwangerschaft und

---

[1] Meckels Archiv. Bd. I. S. 284.

Geburt waren hier normal verlaufen und das Kind kam ausgewachsen, munter und scheinbar ganz gesund zur Welt. Den ersten halben Tag zeigte dasselbe nicht das geringste Auffallende, es athmete leicht und schrie mitunter. Nach Verfluss desselben aber fing das Kind an schwer zu athmen, bekam von Zeit zu Zeit Erstickungsanfälle, sah abwechselnd blass und cyanotisch, meist aber cyanotisch aus, hatte einen sehr kleinen Puls, konnte nicht schlingen, und war sehr schwach und hinfällig. Nach zwei Tagen starb es. — Der Sectionsbefund ergab vorn auf der Trachea eine stark entwickelte Glandula thyreoidea, von welcher aus sich zwei Fortsätze um die Luftröhre herumschlangen. Die Thymus war 1″ breit und lang und 3‴ dick. Die Lungen hatten ihre normale Beschaffenheit, nach vorn und oben zeigten sich emphysematöse Stellen, nach hinten und unten waren sie dunkel gefärbt und von fester Consistenz. Alle Theile derselben enthielten Luft. Die Vorhöfe des Herzens und die Venen waren prall mit Blut angefüllt. Vom Aortabogen aus kam man mit der Sonde in den Ductus Botalli, der gespalten wurde; er war roth imbibirt und für eine Hohlsonde von gewöhnlicher Dicke durchgängig. Die Beschaffenheit des übrigen Herzens ergibt sich am besten aus dem Präparate selbst. Die Organe des Unterleibs waren gesund."

Nach genauerer Ausarbeitung und Untersuchung des so mannigfach von der Norm abweichenden Herzens, von welchem ich zu leichterer Orientirung zwei Abbildungen, die eine im ungeöffneten, die andere im aufgeschnittenen Zustande auf einer eigenen Tafel hinten angefügt habe, fand ich nun folgende nähere Verhältnisse.

Die äussere Erscheinung des Herzens zeigt in Bezug auf Grösse und Gestalt auf den ersten Blick wenig Auffallendes. Im Ganzen ist es vielleicht nach den beiden Richtungen der Länge und Breite, besonders der letzteren, etwas mehr entwickelt als das Herz eines zwei Tage alten Kindes unter normalen Bedingungen zu sein pflegt; dagegen bieten die Vorhöfe für sich betrachtet im Vergleich mit den Ventrikeln eher etwas zu grosse Dimensionen dar. Während die in das Herz einmündenden grossen Venen ein normales Verhalten zu erkennen geben, sehen wir in den Verhältnissen der beiden arteriellen Gefässstämme schon äusserlich sehr bemerkliche Abweichungen. Die Aorta erscheint nämlich an ihrem Ursprunge bedeutend nach rechts gedrängt, so dass sie, anstatt, wie es die Regel ist, hinter der Arteria pulmonalis und von ihr verdeckt zu entspringen, an die rechte Seite derselben zu liegen kommt, wodurch die beiden Gefässe in eine, statt dem medianen dem Frontalschnitte parallele Flucht verlegt werden. Nur der linke Rand der Aorta tritt noch ganz im Anfange ein Weniges hinter den rechten Umfang der Arteria pulmonalis. Die Grössenverhältnisse beider Gefässe anlangend, so fällt gleich in's Auge, dass die Aorta ein unverhältnissmässig grösseres Kaliber hat, als die Arteria pulmonalis. Während innerhalb normaler Breitegrade in dieser Zeit beide Arterien in ihrem Lumen wenig von einander differiren, beträgt hier der Durchmesser der Aorta beinahe das Doppelte von dem der Lungenarterie. Erstere hat ihre grösste Weite dicht an ihrem Ursprunge und behält dieselbe, nur wenig und allmählig sich verjüngend, fast gleichmässig im Verlaufe des Aortabogens bei, von welchem in der regelmässigen Reihenfolge die drei Gefässstämme, A. anonyma, Carotis communis und Subclavia sinistra abgehen.

Die Arteria pulmonalis dagegen zeigt an der Stelle ihres Austritts aus dem Conus arteriosus der rechten Kammer eine ganz deutliche ringförmige Einschnürung, von der aus sie, nach einer geringen bulbusartigen Anschwellung in den engen Stamm sich fortsetzend, bald ihre Theilung in die beiden Lungenäste eingeht. Aus dem Ursprungswinkel dieser beiden Gefässe oder richtiger aus dem linken Ramus pulmonalis geht ein ungewöhnlich langer Ductus arteriosus Botalli von abnorm weitem Durchmesser hervor, der sich in regelrechter Anordnung jenseits des Abgangs der A. subclavia sinistra in den untern

Umfang des Aortabogens mit einiger trichterförmiger Erweiterung einsenkt. Bemerkenswerth ist noch für die äussere Betrachtung das ungewohnte zu-Tage-liegen der Ursprungsstelle der A. coronaria cordis dextra aus der Aorta, welche normal von der vorgelagerten A. pulmonalis verdeckt wird, so dass das kleine Gefäss erst zwischen dieser Arterie und dem rechten Herzohr zum Vorschein kommt, hier aber durch das Seitwärtsrücken der Aorta schon von Anfang an dem Auge sichtbar ist.

Das beiderseits längs des Septum aufgeschnittene Herz (s. hinten Fig. 2) lässt nach seiner Eröffnung folgende Verhältnisse in seinem Inneren erkennen. Die beiden Vorhöfe, deren dünne Wandungen nur wenig entwickelte Musculi pectinati aufweisen, stellen, wie oben erwähnt, sehr geräumige Höhlungen dar. Der rechte ist noch um ein Beträchtliches weiter als der linke; in demselben findet sich das Tuberculum Loweri wenig ausgeprägt, die Eustach'sche Klappe mässig entwickelt. Das Foramen ovale, welches beide Atrien verbindet, erscheint, soweit es nicht von der fast vollständig ausgebildeten Valvula foraminis ovalis verlegt wird, als eine lange senkrechte und ziemlich schmale Spalte, welche eine freie Communikation zwischen beiden Hohlräumen herstellt.

Die rechte Kammer ist erweitert; ihre Wandungen, deren innere Oberfläche von reichlichen, netzartig angeordneten Trabeculae carneae durchflochten ist, bieten so ziemlich die normalen Dickenverhältnisse dar; in maximo beträgt dieselbe 3, in minimo $1^{1}/_{2}$ M. Die Fleischbalken und Mm. papillares sind nicht übermässig entwickelt. Das Septum bildet eine jedoch nur schwach convexe Ausbuchtung in das Cavum des rechten Ventrikels herein. Das Ostium venosum dextrum und die Valvula tricuspidalis weichen in ihrer Anordnung und ihrem Umfange nicht von der Norm ab. Der dem vordern obern Theil der Basis des Ventrikels entsprechende Conus arteriosus endigt, von Innen gesehen, blind in Gestalt eines spitz nach Oben auslaufenden Gewölbes, dessen Kuppel zwischen den

Fleischbalken der muskulösen Spitze des Conus sich schliesst. Von der Lichtung der an dieser Stelle eingepflanzten Pulmonalarterie her sieht man gegen eine Art von Blindsack an der Stelle wo das Ostium arteriosum dextrum sich befinden sollte. Das Gefäss, gegen seinen Ursprung sich verjüngend ist hier durch eine transversale membranöse Scheidewand verschlossen, an die sich von unten her unmittelbar das Muskelfleisch der Spitze des Conus arteriosus inserirt. Dieser gegen die Arterie hin häutige Verschluss zeigt ihrem Lumen zu eine glatte glänzende Oberfläche, die in Nichts von der der Gefässwandung differirt und keine Spur einer Segmentirung zu erkennen gibt.

Zwischen dem blinden Ursprung der A. pulmonalis nach vorn und links, und dem Ostium venosum dextrum nach hinten liegt, noch vollständig im Bereiche des rechten Ventrikels, die weite Mündung der Aorta, die aufgeschnitten eine Breite von 2 $\frac{1}{2}$ C. besitzt. Der normaler Weise die Grenze zwischen Ostium arteriosum und venosum dextrum bildende vordere Klappenzipfel der Valvula tricuspidalis ist hier zwischen das letztere Ostium und die in den rechten Ventrikel versetzte Mündung der Aorta, an deren hinterem Umfang er inserirt, eingeschoben. Seine der Ventrikelwandung zugekehrte äussere Lamelle geht ununterbrochen durch die gleich zu beschreibende Lücke in der Kammerscheidewand in das Endocardium des linken Ventrikels über. Die Semilunarklappen der Aorta sind regelmässig angeordnet und gut entwickelt.

An der Basis des Septum ventriculorum findet sich eine weite Oeffnung, welche beide Kammern mit einander verbindet. Sie hat die Gestalt eines aufrecht stehenden Trapezes mit abgerundeten Winkeln, deren oberer in den Zwischenraum zwischen die nach oben convergirenden Ränder der linken und hinteren Semilunarklappe der Aorta ausläuft, deren unterer der Spitze des Septum zugekehrt ist. Der Längsdurchmesser der Lücke von Oben nach Unten beträgt 8 M., ihr Querdurchmesser 5 M. Die Ränder derselben sind glatt, wulstartig abgerundet, und von einer glänzenden, dünnen, zarten Endokardiumslage überzogen, die sich über sie hinweg von einem Ventrikel in den anderen fortsetzt. An ihrem hinteren unteren Umfange inserirt sich der linke Rand des vorderen Zipfels der Tricuspidalis. Von der linken Kammer her schiebt sich noch ein Weniges der, von Luschka so bezeichnete, Aortenzipfel der Valvula mitralis durch die obere Hälfte der beschriebenen Lücke hindurch, indem er zum linken Umfang der Aorta emporsteigend seine normale Insertion zwischen der linken und hinteren Semilunarklappe ihres Ostium's eingeht.

Aus dem linken Ventrikel sieht man keinen Arterienstamm hervortreten. Die Lücke im Septum stellt gleichsam sein arterielles Ostium dar. Seine Höhlung ist etwas kleiner als die des rechten Ventrikels, die Dicke seiner Wandung beträgt wie bei diesem in maximo 3, in minimo 1 $\frac{1}{2}$ M. Das Ostium venosum sinistrum und die Valvula mitralis bieten ausser dem Genannten nichts Besonderes dar. Auch in ihren übrigen Verhältnissen gibt die linke Kammer keine weiteren Abweichungen von der Norm zu erkennen.

Der ausführlichen Beschreibung unseres Präparates lasse ich hier noch die Angabe der wichtigsten Grössenmaasse an demselben folgen in vergleichender Zusammenstellung mit den eigens angestellten Messungen an den normal gebauten Herzen zweier Neugeborenen.

An unserem Falle fand ich die nachstehenden Grössenverhältnisse:

Grösste Länge des Herzens	4 C. 2 M.
Grösste Breite in der Höhe des Sulcus circularis	2 C. 8 M.
Umfang der A. pulmonalis an ihrem Ursprunge [1]	1 C. 8 M.
Durchmesser derselben	6 M.
Umfang der Aorta an ihrem Ursprung	3 C. 2 M.
Durchmesser derselben	1 C.
Länge des Ductus arteriosus Botalli	2 C.
Durchmesser desselben	5 M.

---

[1] Ich rechne hiebei immer die Dicke der Wandungen mit.

Höhe des Foramen ovale . . . . 9 M.
Breite desselben (soweit es durch die valvula for.
   oval. nicht verschlossen wird) . . . . . 2 M.
Grösste Dicke der Wandung des rechten Ventrikels 3 M.
„   „   „   „   des linken   „ . 3 M.

1. Messung an dem normalen Herzen eines Neugeborenen:

Grösste Länge des Herzens . . . . 4 C.
Grösste Breite . . . . 2 C. 5 M.
Umfang der A. pulmonalis an ihrem Ursprung 2 C. 8 M.
Durchmesser derselben . . . . 8 M.
Umfang der Aorta am Ursprung . . . . . 2 C. 9 M.
Durchmesser derselben . . . . 9 M.
Länge des Ductus Botalli . . . . 1 C.
Durchmesser desselben . . . . 3 M.
Höhe des Foramen ovale . . . . 5 M.
Breite desselben . . . . 2 M.
Dicke der Wandung des rechten Ventrikels . 3 M.
Dicke „   „   des linken   „ . 4 M.

2. Messung an einem solchen:

Grösste Länge des Herzens . . . . 3 C. 9 M.
Grösste Breite . . . . 2 C.
Umfang der A. pulmonalis am Ursprung . . 2 C. 6 M.
Durchmesser derselben . . . . 8 M.
Umfang der Aorta am Ursprung . . . . . 2 C. 5 M.
Durchmesser derselben . . . . 8 M.
Länge des Ductus Botalli . . . . 8 M.
Durchmesser desselben . . . . 3 M.
Foramen ovale durch die Klappe geschlossen.
Dicke der Wandung des rechten Ventrikels . 3 M.
Dicke „   „   des linken   „ . 4 M.

Nachdem wir nun im Vorigen eine ausführliche Schilderung unseres Falles, soweit er uns noch zugänglich war, gegeben, ist es unsere nächste Aufgabe, eine kritische Beleuchtung der demselben eigenthümlichen Verhältnisse und ihrer Entstehungsweise zu versuchen. Vergegenwärtigen wir uns hiezu vor Allem noch einmal die verschiedenen Deformationen, die wir vereint an unserem Herzen angetroffen. Es sind deren nicht weniger als fünf: Einmal der Verschluss der Mündung der Lungenarterie, dann der Ursprung der Aorta aus dem rechten Ventrikel, die Lücke in der Ventrikelscheidewand, das Offenbleiben des arteriösen Ganges und endlich die Persistenz des Foramen ovale. Diess Quintett von Anomalieen am Herzen ist weder ein zufälliges noch aussergewöhnliches. Substituiren wir der Atresie des Ostium arteriosum dextrum: Enge der Lungenarterienbahn, und dem Ursprung der Aorta aus dem rechten Ventrikel: gemeinsamen Abgang derselben aus beiden Kammern, so haben wir, wie schon erwähnt, eine Reihe von Missbildungen dieser Zusammenstellung in der Literatur aufzuweisen. Während die beiden letztgenannten Anomalieen mit unvollständig gebildetem Septum ventriculorum im Vereine mit so grosser Constanz vorzukommen pflegen, dass H. Meyer unter 34 Fällen von Obviationen in der Lungenarterienbahn, bei welchen über den Ursprung der Aorta etwas erwähnt ist, diesen 31mal aus beiden oder aus dem rechten Ventrikel angegeben fand, und unter 52 solchen Fällen, die der Ventrikelscheidewand gedenken, diese nur in einem Falle von Rokitansky als vollkommen geschlossen bezeichnet antraf, so können dagegen die 2 übrigen Faktoren unserer fünffachen Missbildung, das Offenbleiben des Ductus arteriosus Botalli und des Foramen ovale häufiger fehlen und zwar unter ganz bestimmten Bedingungen, die sie zum Verschlusse kommen lassen. Sehen wir nun für's Erste noch ganz davon ab, unter welchen Umständen die fötalen Wege das eine oder andere Verhalten beobachten werden, und richten wir zunächst unser ganzes Augenmerk auf den tieferen inneren Zusammenhang, welcher der so häufigen Combination jener

Bildungsanomalieen nothwendig zu Grunde liegen muss, so werden wir bald zu dem Ergebnisse kommen, dass auf die eine oder andere Weise ein Causalnexus zwischen den Missbildungen in der Lungenarterienbahn, dem abnormen Ursprung der Aorta und den regelwidrigen Communikationen beider Blutbahnen sich finden lassen wird.

II. Meyer, der zuerst diese Verhältnisse einer eingehenden Erörterung unterworfen, hat die Frage, was primär, was sekundär, was Ursache, was Wirkung ist, durch eine für alle Einzelfälle geltend gemachte Erklärung zu entscheiden gesucht. Doch will er dieselbe mit voller Sicherheit nur für die eine Reihe der Fälle, die er aufstellt, zum Gesetze machen, nämlich für solche, in welchen eine bedeutende einschnürende Verengerung des Ostium arteriosum dextrum oder ein vollständiger Verschluss des Hauptstammes der A. pulmonalis selbst vorhanden ist, wobei das Septum ventriculorum immer unvollständig und zugleich auch in der Regel das Foramen ovale und der Ductus Botalli offen ist. Für die zweite Reihe seiner Fälle, in welchen nur eine Enge der Arteria pulmonalis überhaupt vorhanden ist, und das Septum ventriculorum regelmässig unvollständig, dagegen das Foramen ovale und der Ductus Botalli gewöhnlich mehr oder weniger vollständig geschlossen angetroffen wird, kommt er schliesslich aber auf dieselbe Erklärungsweise zurück, nur dass ihm hier geringere Beweismittel zu Gebote stehen, um sie mit derselben Entschiedenheit wie für die erste Kategorie aufrecht zu erhalten.

Meyer geht nämlich für alle Fälle davon aus, dass in den Missbildungen der Lungenarterienbahn, mögen sie zunächst in bedeutenden Verengerungen am Ostium, in Verschluss des Arterienstammes, oder in blosser Enge des Gefässes bestehen, immer die Residuen einer entschiedenen Erkrankung zu erblicken seien. Diese Erkrankung, mag sie durch unzweideutige Spuren palpabler pathologischer Produkte an den Klappen oder dem

Endocardium erhärtet sein, oder nur auf einer hypothetischen Annahme ohne materielle Grundlage beruhen, soll in der weitaus überwiegenden Mehrzahl aller Fälle im Verlaufe der ersten 2 Monate des Fötallebens, also vor dem Zeitpunkte, in welchem das Septum ventriculorum zum vollständigen Verschlusse gelangt, das Ostium arteriosum dextrum oder die Arteria pulmonalis befallen, und in Folge der Verengerung oder des Verschlusses, welchen sie hier nach sich zieht, eine fortdauernde Strömung durch den noch offenen Theil des Septum bedingen. Die grössere Menge des im rechten Vorhof enthaltenen Blutes (der kleinere Theil wird durch das Foramen ovale in die linke Herzhälfte abgelenkt), welche in die rechte Kammer übergeht, wird durch den Druck, dem sie während der Systole hier ausgesetzt ist, gedrängt, einen Ausweg zu suchen; der normale Abfluss durch die Lungenarterie ist beschränkt oder vollständig aufgehoben, die Valvula tricuspidalis verwehrt den Rücktritt in den Vorhof und so muss dasselbe mit der ganzen Kraft des empfangenen Drucks durch die noch unvollständige Scheidewand aus der rechten in die linke Kammer hinüberströmen. Derselbe, durch den erschwerten Ausfluss des Blutes aus dem Ostium arteriosum dextrum erhöhte Druck soll aber noch in zweiter Linie auf die Gestaltung des Herzens, und zwar auf die so häufige abnorme Anordnung der Aorta einen Einfluss ausüben. Der Ursprung dieses Arterienstammes aus beiden oder aus der rechten Kammer nämlich soll nach Meyer wiederum dadurch zu Stande kommen, dass das Septum, das normal nach rechts von der Aorta liegt, durch den vermehrten Blutdruck in der rechten Kammer nach links gedrängt wird, so dass es mehr weniger unter die Mitte der Aorta oder gar noch nach links von derselben zu liegen kommt, ein Vorgang, welcher mit der Dilatation des rechten Ventrikels aus eben derselben Ursache, die in der angedeuteten Weise das Septum flach legt oder gar seine Convexität von rechts nach links überträgt, in Zusammenhang gebracht wird. Meyer gelangt so zu der Schlussfolgerung, dass in allen Fällen, in welchen Unvollständigkeit der Kammerscheidewand, regelwidriger Ursprung der Aorta und Enge (oder Obliteration) der Lungenarterie etc. neben einander vorkommen, die letztere immer das Primäre ist, und dass in ihrem Vorhandensein nicht nur die Unvollständigkeit der Kammerscheidewand begründet ist, sondern auch die übrigen gleichzeitig beobachteten Bildungsfehler in Bezug auf den Ursprung der Aorta, das Foramen ovale, den Ductus Botalli, und, wie er beifügt, die Arteriae bronchiales.

Wenn ich nun dieser Auffassung des Wechselverhältnisses der in Frage stehenden Anomalieen unter einander für eine grosse Reihe von Fällen, besonders für solche, deren Ostium arteriosum dextrum oder A. pulmonalis wirklich die unverkennbaren Residuen eines pathologischen Vorganges als Quelle seiner Unwegsamkeit an der Stirne trägt, ihre Berechtigung nicht im Mindesten bestreite, wenn ich zumal das ursächliche Verhältniss des gehemmten Abflusses durch die arterielle Lungenblutbahn zu dem Offenbleiben der fötalen Kommunicationswege nicht im Entferntesten in Abrede stelle, so glaube ich dagegen, dass die Uebertragung jener Anschauung auf alle Fälle ohne Unterschied keine gerechtfertigte ist. Meyer gieng bei der Aufstellung seiner Theorie, anlehnend an seine Beobachtung, von den Fällen von Einschnürung des Conus arteriosus aus, welche unzweifelhaft Folge eines endocarditischen oder myocarditischen Processes sind, und liess sich dadurch verleiten, die hier obwaltenden, seine obige Ansicht unterstützenden Verhältnisse zum Maassstabe für alle übrigen Fälle zu machen. Wenn ich nun, zunächst auch nur für unseren Fall, zu einer etwas abweichenden Anschauung über die Entstehungsweise und den ätiologischen Zusammenhang der vorhandenen Missbildungen kam, so möchte ich hier schon gegen den gleichen Vorwurf mich verwahren, als ob ich statt der obigen meine Ansicht zum allgemeinen Gesetze machen wollte, indess mein

Bestreben nur dahin geht, beiden ihre Geltung nebeneinander eingeräumt zu sehen.

Fassen wir denn die Verhältnisse unseres Falles etwas näher in's Auge und prüfen wir, in wie weit dieselben mit Meyer's Auffassung in Einklang gebracht werden können. Diesem Autor zufolge wäre unsere Atresie des Ostium arteriosum dextrum wie alle Verengerungen und Verschliessungen der Lungenarterienbahn, ein pathologisches Product. Niemand wird nun bestreiten, dass in allen denjenigen Fällen, in welchen Veränderungen an den Klappen der A. pulmonalis, wie Verdickungen, Adhäsionen, Verkreidungen etc. eine Stenosirung ihres Ostiums bewirken (Fälle, wie sie Meyers zweite Tabelle zusammenstellt), dass in diesen eine Erkrankung der Missbildung zu Grunde gelegen, Niemand wird verkennen, dass Einschnürungen des Conus arteriosus durch eine schwielige, feste Exsudatmasse Folge einer Entzündung sind, Niemand für alle übrigen Fälle, welche solche Merkmale eines krankhaften Vorganges an sich tragen, diesen in Abrede stellen wollen.

Aber von all' dem sehen wir in unserem Falle keine Spur. Keine Trübung des Endocardium, keine sehnige Schwiele, kein geschrumpftes Exsudat ist an der atresirten Stelle sichtbar. Vollständig normale, von den übrigen nicht verschiedene, musculöse Trabeculae carneae mit zartem serösem Ueberzug schliessen den Conus arteriosus, unter spitzem Winkel convergirend, gegen das Ostium arteriosum dextrum hin ab, und mit glatter, glänzender Oberfläche kleidet die unveränderte innere Gefässhaut, in die membranöse, die Stelle der Klappen ersetzende, quere Scheidewand übergehend, den Boden der an ihrer Mündung blindsackförmig geendigten Lungenarterie aus. Somit fehlt uns jeder positive Anhaltspunkt für die Annahme einer Erkrankung in unserem Falle, und mit ihrer Abwesenheit fällt auch die erste und wesentlichste Prämisse von Meyers Schlussfolgerung weg. Gesetzt aber auch alle Verengerungen und Verschliessungen in der Lungenarterienbahn beruhten wirklich auf einem pathologischen Processe, und wären demnach unzweifelhaft als das Primäre und die gleichzeitig vorhandenen Hemmungsbildungen als das Secundäre anzusehen, da doch nicht wohl umgekehrt diese die Ursache für Entzündungsvorgänge werden können, so lässt sich immer nicht einsehen, warum jene Erkrankungen mit so geringen Ausnahmen auf die ersten zwei Monate des fötalen Lebens sich beschränken sollen, warum gerade diese früheste Zeit, ehe sich das Septum vollständig entwickelt hat, eine besonders grosse Disposition zu Entzündungen darbieten soll, so dass fast in allen in der Literatur verzeichneten Fällen von Missbildungen der Pulmonalarterie und ihres Ostiums die Ventrikelscheidewand noch offen gefunden wird, und nur in ganz wenigen den sogenannten Fällen späterer Erkrankung nach Meyer, das Septum zur Zeit der letzteren schon geschlossen war.

Die Schwierigkeiten der von dem genannten Autor gegebenen Erklärungsweise werden aber noch vermehrt, wenn wir das Verhältniss der Atresie oder Stenose der A. pulmonalis zu der Anordnung des Aortenursprungs näher in Betracht ziehen: diese entspringt nämlich, wie schon des Oefteren bemerkt, in unserem Falle ganz aus der rechten Kammer, in anderen, häufigeren, aus beiden zugleich. Der Grund hievon liegt nach Meyer gleichfalls in der ursprünglichen Behinderung des Blutabflusses durch das rechte arterielle Ostium, welche diese wie die übrigen secundären Anomalieen bedingen soll. Er argumentirt hier wörtlich folgendermaassen: „Die normale Lage des Septum ist bekanntlich nach rechts von der Aorta, und wenn das eben erwähnte Verhältniss sich findet, dann ist entweder die Aorta weiter nach rechts oder das Septum weiter nach links gedrängt. Für die Annahme des Ersteren liegt kein Grund vor, dagegen finden wir unschwer eine Erklärung für das Letztere. Man sieht nämlich ohne Schwierigkeit ein, dass die Hemmung des Abflusses aus der rechten Kammer eine Dilatation in dieser bewirken müsse, welche ihr nach bekannten Gesetzen einen mehr runden

Querschnitt verleihen muss. Da nun das Septum im normalen Zustande nach der rechten Kammer hin convex ist, so muss es in der Dilatation flacher gelegt oder gar nach links [1] ausgebuchtet werden — mit andern Worten: es muss nach links gedrängt werden; natürlich werden es nur die beweglichen Theile des Septum sein, welche diese Verdrängung erfahren, nämlich seine Mitte und sein die Oeffnung in ihm begrenzender freier Rand. Die Flachlegung des Septum genügt schon, den freien Rand unter die Mitte des Aortenumfangs zu stellen und eine stärkere Ausbuchtung wird denselben noch so weit verdrängen können, dass er nach links von der Aorta zu stehen kommt, so dass dann, wie in unserem Falle sowie in demjenigen von Ribes (Nr. 5) und von Farre (Nr. 73) die Aorta ihren Ursprung in dem rechten Ventrikel hat."

Wenn ich nun auch die Möglichkeit eines solchen Vorgangs innerhalb gewisser Grenzen nicht in Frage stellen will, so ist, nach meinem Dafürhalten, das angedeutete Resultat doch wohl für die meisten Fälle und vor Allem für den unserigen, nicht aus einer Verdrängung des Septum herzuleiten. Denn wollte man auch zugeben, dass sich der freie mittlere Rand der Scheidewand, von dem es sich ja allein handeln kann, wirklich so weit nach links verdrängen lasse, dass das ganze, in unserem Falle 1 Ctm. im Durchmesser haltende Aortenostium in Folge davon in die rechte Kammer zu liegen käme, so müsste, wie Meyer selbst annimmt, das Septum eine sehr bedeutende rinnenartige Ausbuchtung in die linke Kammer hinein erfahren, es müsste von seinem vorderen festgewachsenen unbeweglichen Rande mit einer nach links convexen Wölbung in den hinteren übergehen, also gleichsam einen Bogen um den linken Umfang der Aortenmündung herum beschreiben, dessen Sehne noch durch die rechte Circumferenz dieses Ostiums fallen müsste. Von einer solchen Ausbuchtung

---

[1] Wie es dort heissen sollte.

nach links ist aber in unserem Falle, obgleich die Aorta ganz aus dem rechten Ventrikel entspringt, nichts zu bemerken; ja nicht einmal flach gelegt finden wir das Septum, sondern der Norm nahezu entsprechend ist es mit einer geringen Convexität der rechten Seite zugekehrt. Ein durch blosse Verdrängung des Septum nach rechts verlegtes Aortenostium müsste ferner durch einfaches mechanisches Zurückdrängen der Scheidewand nach rechts sich wieder in die linke Kammer zurückverlegen lassen, und diess hiesse doch dem Septum die Rolle eines gar zu wenig stabilen, gar zu windfahnenartig gedachten Regulators zweier durch dasselbe getrennter Blutströme zutheilen. Endlich müsste noch nach Meyer in den Fällen von vollständigem Verschlusse der Lungenarterienbahn, also bei grösster Behinderung der Entleerung des rechten Ventrikels, und bei stärkstem Blutdrucke in demselben, auch die Verdrängung des Septum die ausgiebigste sein; man sollte demnach erwarten, dass in diesen Fällen stets die Aorta aus der rechten Kammer entspringen werde, indess bei Fällen geringerer Stromhindernisse in jener Bahn, bei einfachen Verengerungen derselben, das Septum nur in geringerem Grade verdrängt werden würde, so dass hier das Aortenostium immer nur zum Theil dem rechten Ventrikel zufiele. Die Erfahrung lehrt aber anders: Während uns Meyer's 3te Tabelle, der Obliterationen der Lungenarterie, keinen einzigen Fall von vollständig rechtsseitigem Ursprung der Aorta aufzuweisen hat, begegnen uns zwei solche in Tabelle IV, die die Stenosen der A. pulmonalis zusammenstellt; der eine ist einer Beobachtung von Farre,[1] der andere einer solchen von Jacobson[2] entnommen. In beiden ist die Lungenarterie nur als eng bezeichnet.

Aber noch von einem andern Gesichtspunkte aus können wir die Herleitung des geänderten Lageverhältnisses zwischen

---

[1] Meckels Archiv I. S. 226.
[2] Meckels Archiv II. S. 134.

Aorta und Septum aus einer Verdrängung des letzteren anfechten. Analysiren wir einmal unsern Fall nach Meyers Anschauung, so hätte sich hier zuerst das Ostium arteriosum dextrum, und zwar noch innerhalb der ersten zwei Monate, durch irgend einen krankhaften Vorgang geschlossen. Das Blut des rechten Ventrikels, dem der Ausfluss durch die normale Oeffnung abgeschnitten, sucht sich nun, durch den systolischen Druck seiner Kammer getrieben, einen anderen Ausweg und findet ihn durch das noch offene Septum, dessen Lücke gleichsam als rechtes arterielles Ostium permanent bleiben muss. Doch nicht genug damit, dass das Blut durch diese Oeffnung, welche (in unserem Falle) in ihrem Umfange dem des normalen Ostium arteriosum dextrum zum Mindesten gleichkommt, seinem Drucke leicht entweichen kann, soll der dadurch kaum geminderte Druck der Systole auch das Septum noch so weit nach links zu drängen im Stande sein, bis das ganze weite Aortenostium als zweite Ausflussöffnung zu der ersten hin der rechten Kammer zufällt, Alles diess nur um den linken Ventrikel in die gleichen ungünstigen Verhältnisse des Blutabflusses zu versetzen, welche die ganze Revolution von Seiten des rechten hervorgerufen. Und allem diesem soll die linke Kammer, die durch die Lungenvenen, sowie aus dem rechten Vorhof durch das Foramen ovale und aus der rechten Kammer durch die Lücke im Septum mit Blut im Ueberschuss versorgt wird, so wenig einen Gegendruck entgegenzusetzen im Stande sein, dass sie das Septum auf Kosten ihres Rauminhalts und ihres eigenen arteriellen Ostiums so weit von rechts nach links verdrängen lässt, bis sie schliesslich selbst ihr Blut durch die Lücke im Septum in die Aorta zu entleeren genöthigt ist.

Der ursprüngliche Blutausfluss aus der rechten Kammer durch diese Lücke hätte dann von dem Moment an zu sistiren, in welchem sie an der Aorta einen besseren Abzugskanal gewonnen, um jene Oeffnung jetzt der linken Kammer zu überlassen. Zu begreifen wäre dabei freilich nicht, warum nicht lieber alles beim Alten geblieben, anstatt den linken Ventrikel mutatis mutandis in die ursprünglichen Verhältnisse des rechten einzusetzen. Zu begreifen ist auch ferner nicht, wie die rechte Kammer, von Anfang einem gesteigerten Blutdrucke ausgesetzt, dem Blut einen Ausweg durch das Septum offen erhalten und diese Scheidewand so bedeutend nach links drängen soll, ohne im Geringsten eine Hypertrophie ihrer Wandungen, die doch der beste Höhemesser der aufgebotenen Druckkraft wäre, zu erkennen zu geben.

Auf alle diese Widersprüche stossen wir, wenn wir für unseren und noch manche andere Fälle an der Erklärung festhalten wollten, welche unsere Atresie des Ostium arteriosum dextrum als die primäre, auf pathologischem Wege entstandene, den Ursprung der Aorta aus dem rechten Ventrikel als die secundäre, durch jene erst bedingte, Anomalie angesehen wissen möchte.

Den gedachten Controversen zu begegnen, will ich es versuchen, zuvörderst für unseren Fall einer anderen Auffassungsweise Geltung zu verschaffen.

Gehen wir vor Allem davon aus, dass wir, wie oben gezeigt, den Verschluss der Mündung der A. pulmonalis an unserem Herzen von keinem pathologischen Processe ableiten können und suchen wir daher andere Momente für ihre Entstehung aufzufinden. Solche vermögen wir ausser in einer Entzündung nur noch in einem mangelhaften Einströmen von Blut zu erkennen. Wie sehr die Erhaltung der Wegsamkeit eines Gefässes von einer fortdauernden Strömung durch dasselbe abhängig ist, beweist die gesetzmässige Obliteration der fötalen Blutbahnen, wie der A. und Vv. umbilicales, des Ductus Botalli, des Foramen ovale etc., nach der Geburt, sobald die Quellen der Blutzufuhr dahin abgeschnitten, und das Blut in andere Bahnen abgelenkt wird.

Es ist nun freilich nicht anzunehmen, dass ein solcher Mangel an Strömung primär in einer Lungenarterie stattfinden wird, und es entsteht daher die Frage, ob nicht hier Bedingungen vorausgehen können, abnorme Bildungsvorgänge, welche eine Ableitung der Blutströmung von der Lungenarterienbahn zur Folge haben, und somit secundär eine Atresie des Ostium arteriosum dextrum aus der genannten Ursache hervorzurufen im Stande wären. Eine aus irgend welchem Grunde unterbliebene Ausbildung der Ventrikelscheidewand vermag uns solche nicht darzubieten, da wie Meyer richtig bemerkt, das Ausweichen des Blutes immer leichter durch den Conus arteriosus als durch die Oeffnung im Septum geschehen wird, theils wegen der Gestalt der rechten Kammer, theils wegen des Widerstandes des in der linken Kammer gedrängten Blutes, welches in der Oeffnung des Septum derjenigen Blutmasse sich entgegenstellen würde, die aus der rechten in die linke Kammer eindringen wollte.

Dagegen haben wir an dem Ursprung der Aorta aus dem rechten Ventrikel ein Moment, welches uns als Ausgangspunkt für unsere Erklärung dienen kann. Die regelwidrige Anordnung der Aorta in dem bezeichneten Sinne kann nach Meyer nur davon herrühren, dass entweder dieses Gefäss weiter nach rechts oder das Septum weiter nach links gedrängt wird. Diese Alternative aufzustellen wird man nun freilich genöthigt, wenn man jenen Bildungsfehler nur in einer mechanischen Ursache begründet sehen will. Ich glaube aber meinestheils, dass es noch eine dritte Möglichkeit für dessen Entstehung gibt, nämlich die, dass das Septum von Anfang an in seiner Entwicklung eine fehlerhafte Richtung eingeschlagen. Diese Abweichung der Scheidewand von der normalen Richtung, welche den qualitativen Bildungsanomalieen sich anreiht, lässt sich ungezwungen als die primäre Missbildung in unserem Falle betrachten, und alle übrigen, quantitativen, Missbildungen als secundäre, aus jener mit Nothwendigkeit hervorgegangene Anomalieen nachweisen.

Das Septum ventriculorum macht normalmässig, soweit uns darüber Erfahrungen zu Gebote stehen, innerhalb der ersten zwei Monate seine Bildung durch. In dem ursprünglich einkammerigen Herzen beobachtete Ecker an einem sechswöchentlichen Fötus als erste Anlage des Septum eine niedrige halbmondförmige Falte, welche von dem unteren und hinteren Theile der Kammern in der Gegend der Herzspitze sich erhob und mit ihrer Concavität nach oben und ein wenig nach links schaute. Eine noch geringere Andeutung desselben an der gleichen Stelle gibt Kölliker [1] von einem 4wöchentlichen Embryo an. Von dieser Anlage aus bildete sich nach demselben Autor das Septum rasch gegen die Aorta und den noch ungetheilten Vorhof hin weiter, bis es oft schon in der siebenten Woche seine vollständige Ausbildung erreicht hat. Noch vor Vollendung derselben hat sich der ursprünglich gemeinsame Truncus arteriosus durch 2 von der Gefässwandung aus faltenartig einander entgegenwachsende und verwachsende Leisten in Arteria pulmonalis und bleibende Aorta getrennt, und an diese aus der bindegewebigen Gefässwandung hervorgesprosste Scheidewand schliesst sich erst, zu vollständiger Trennung beider Kammern, das aus deren Muskulatur hervorgewucherte Septum ventriculorum an; nicht aber geschieht, wie man früher glaubte, die Scheidung des Truncus arteriosus durch Hereinwachsen des Kammerseptum's in dessen Lumen. Erst nachdem diese Trennungsvorgänge zur Vollendung gekommen, beginnt dann die Bildung des Septum atriorum (c. in der 8. Woche) als niedrige Falte vom oberen Rande der Ventrikelscheidewand aus sich erhebend.

Ehe die Entwicklung des Septum ventriculorum zu Stande gekommen, entspringen also Aorta und Arteria pulmonalis nebeneinander aus der gemeinsamen Kammer. Der Anschluss desselben an die Scheidewand im Truncus arteriosus bei normaler Ausbildung theilt erst jedem Ventrikel seine eigene arterielle Oeffnung zu. Tritt nun der Fall ein, dass das Septum in seinem Wachsthum von der normalen Richtung abweicht, geht es, wie in unserem Falle, den Bildungsgesetzen zuwider, eine Deviation nach links ein, so dass es, statt dem rechten,

---

[1] Vergl. Entwicklungsgeschichte des Menschen. Leipzig 1861.

dem **linken** Umfange des Aortenostium's sich anschliesst, so kann es kommen, dass der Ursprung der Aorta wie an unserem Herzen noch ganz in die **rechte** Kammer verlegt wird, und eine ungleiche Theilung der ursprünglich einzigen Kammer auf Kosten der linken daraus resultirt. In anderen Fällen, wo die Deviation des Septum eine geringere ist, wird dasselbe gerade unter die Mitte der Aortenmündung oder etwas nach rechts oder links davon zu stehen kommen, und ein Ursprung der Aorta aus beiden Ventrikeln die Folge davon sein.

Es gewinnt die Erklärung der abnormen Anordnung des Aortenursprungs aus dieser Ursache an Bestand dadurch, dass wir auch die selteneren Fälle des Abgangs der A. pulmonalis aus dem linken Ventrikel auf die gleiche Deviation des Septum nach der rechten Seite auf Unkosten der rechten Kammer, und endlich die so schwer verständlichen Beobachtungen von Transposition der grossen Gefässe vielleicht auch auf ähnliche Abweichungen im Lageverhältniss des Septum zu deren Ursprung zurückführen können.

Halten wir also fest, dass wir zunächst für unseren Fall die Zutheilung der Aortenmündung zum rechten Ventrikel in Folge ursprünglicher Deviation des Septum nach links als die **primäre** Anomalie anzusehen haben, und prüfen wir nun, in welchen Causalnexus sich die übrigen Missbildungen zu der genannten bringen lassen werden.

Durch Annexion eines zweiten Ostium arteriosum von Seiten der rechten Kammer, welches zumal durch seine geschickte Lage dem Blute einen weit günstigeren Abzugskanal eröffnet als in die Pulmonalarterie, wird der Blutstrom von der Mündung der letzteren in die Aorta abgelenkt. Der vordere Zipfel der Tricuspidalis, welcher, wie früher beschrieben, in unserem Falle am hinteren Umfang der Aorta zwischen rechter und hinterer Semilunarklappe sich inserirt und somit hier im rechten Ventrikel die Funktion versieht, welche sonst der rechte Zipfel der Mitralis durch seine Lagebeziehung zur Aorta in der linken Kammer erfüllt, hilft vollends dem Blute das Ausweichen in das Aortenostium erleichtern. Somit fliesst fast alles Blut der rechten Kammer auf dem kürzeren und bequemeren Wege durch die Aorta ab und der Mangel an Strömung durch das Ostium arteriosum dextrum führt schon in jener ersten Zeit, in welcher das Septum sich ausbildet, zu einem Verschlusse desselben analog der Entstehung des Ligamentum arteriosum und venosum, der Chorda arteriae und venae umbilicalis (lig. teres hepatis) etc. aus verlassenen fötalen Blutbahnen. Die Atresie selbst kann durch Contraktion der Muskelbündel des Conus arteriosus, nachdem dieselben dem Seitendrucke durchströmenden Blutes nicht mehr ausgesetzt sind, durch Hypertrophie der denselben nach Oben abschliessenden Trabeculae carneae oder durch irgend einen Verschmelzungsprocess eingeleitet werden, an dem sich die semilunaren Klappen betheiligen. Diese entwickeln sich nämlich schon in der siebenten Woche embryonalen Lebens, anfangs nur als horizontal nach Innen vorspringende halbmondförmige Wülste, welche im weiteren Verlaufe, wenn sie nicht durch den Blutstrom auseinandergehalten werden, eine die Mündung vollständig obturirende Verwachsung unter einander eingehen können.

In zweiter Linie haben wir nun auch das Offenbleiben des Septum ventriculorum in seinem Verhältnisse zu der regelwidrigen Anordnung der Aorta in's Auge zu fassen. Durch die Deviation der Ventrikelscheidewand nach links und die daraus resultirende Verlegung der Aortenmündung in den rechten Ventrikel ist die linke Kammer der ihr eigenen Ausflussöffnung für das derselben zugeführte Blut vollständig beraubt. Dieses durch den Verschluss der Mitralis von dem linken Vorhofe abgeschnitten sucht unter dem Drucke der Kammersystole einen Ausweg durch das noch nicht geschlossene Septum. Es findet also eine Strömung des Blutes von links nach rechts, aus dem linken Ventrikel durch die Lücke im Basaltheil des Septum in die rechte Kammer und das Ostium der Aorta statt, und diese fortdauernde Strömung erhält jene, zuletzt zum Verschluss kommende, Stelle der Scheidewand offen. **Die Lücke im Septum ist zum Ostium arteriosum sinistrum geworden.** In anderen Fällen, in welchen das Septum vermöge einer geringeren Abweichung unter die Mitte der Aortenmündung zu liegen kommt, fliesst Blut aus beiden Ventrikeln durch jene persistirende Oeffnung desselben in die Aorta, und zwar im Verhältniss der Vertheilung ihres Ostiums auf beide Kammern bald mehr aus der rechten bald mehr aus der linken. An unserem Herzen dient indessen, wie gesagt, die Lücke in der Scheidewand nur dazu, dem linken Ventrikel einen Abfluss offen zu erhalten. Begünstigt wird derselbe nach der gedachten Richtung hin durch die eigenthümliche Anordnung des **rechten Zipfels der Valvula mitralis**. Dieser von Luschka in seiner Abhandlung über »**die Blutgefässe der Klappen des menschlichen Herzens**«[1] eben seiner Beziehung zu der Wandung der Aorta wegen mit der concisen und treffenden Bezeichnung »**Aortenzipfel**« belegte Klappenzipfel, welcher normal die Grenzscheide zwischen Ostium arteriosum und venosum sinistrum bildet und in seiner äusseren Lamelle nach demselben Autor als unmittelbare Fortsetzung der inneren Platte der linken und der hinteren Semilunarklappe des Ostium arteriosum sinistrum sich erweist, hat hier seine normale Insertion zwischen den beiden genannten Semilunaren trotz der Versetzung der Aorta in die rechte Kammer beibehalten. Er tritt aber, um in dieselbe überzugehen, mit seiner oberen Hälfte noch etwas durch die Lücke im Septum hindurch, wie Fig. 2. g. anzudeuten versucht, und leitet so bei der Systole des linken Ventrikels, das Ostium atrio-ventriculare verlegend, den Blutstrom seiner Ausbreitung entlang mit grösserer Leichtigkeit jener Oeffnung zu, analog der Funktion der Eustach'schen Klappe im fötalen Herzen, welche einen Theil des Blutes aus der unteren

---

[1] Sitzungsberichte der math.-naturw. Classe der Kais. Akademie der Wissenschaften. Jahrg. 1859. Bd. XXXVI. S. 367.

Hohlader durch das Foramen ovale in den linken Vorhof zu leiten hat.

Da die Aorta an unserem Herzen als **einziger** arterieller Abzugskanal des Gesammtblutes aus beiden Ventrikeln erscheint, so ist die grosse Weite derselben, der bedeutende Umfang ihres Ostium's nichts Auffallendes. Ebenso erklärbar aus dem Lageverhältnis des letzteren zum rechten Ventrikel ist der sonst weniger selbstverständliche Mangel einer Hypertrophie der Wandungen dieses Herzabschnittes, indem der Uebergang des Blutes aus demselben in die weite, der rechten Kammer ganz angehörigen Aortenmündung trotz der Atresie des Ostium arteriosum dextrum oder vielmehr aus demselben Grunde, welchem diese ihre Entstehung verdankt, zufolge der Deviation des Septum, keines grossen systolischen Druckes bedarf.

Wenn wir die Ergebnisse der im Vorhergehenden gemachten Auseinandersetzungen zusammenfassen, so gelangen wir für unseren Fall, im Widerspruch mit dem von Meyer in seiner Abhandlung gewonnenen Resultate, zu der Schlussfolgerung, dass **der Ursprung der Aorta aus dem rechten Ventrikel, resp. die Deviation des septum ventriculorum nach links, als primäre Anomalie vorausgegangen, und dass in deren Vorhandensein die Atresie des Ostium arteriosum dextrum, sowie die Unvollständigkeit der Kammerscheidewand, und in ihrer Begleitung das Offenbleiben des ductus Botalli und foramen ovale, als secundäre Anomalieen begründet sind.**

Aber nicht nur für diesen Fall, sondern, wie ich glaube, auch noch für eine ganze Reihe verwandter Fälle, welchen eine gleiche oder ähnliche Zusammenstellung von Missbildungen eigen ist, dürfte diese Anschauung von den Abhängigkeitsverhältnissen derselben unter einander die richtige sein, und ich rechne hieher vorzüglich alle diejenigen Beobachtungen, bei welchen sich keine Spur einer Erkrankung als muthmaassliche

Ursache des Verschlusses des Stammes der Lungenarterie oder ihrer Mündung aufweisen lässt und somit auch die Annahme einer primären Entstehung dieser Anomalieen aufgegeben werden muss. Auch die Stenosen der A. pulmonalis, soweit sie nicht nachweisbar Product eines pathologischen Processes, wohl aber mit regelwidrigem Ursprung der Aorta aus beiden oder aus dem rechten Ventrikel verbunden sind, dürften vielleicht unserer Erklärung anheimfallen, zumal eine primäre, selbstständig sich ausbildende Verengerung dieses Gefässes auf anderem als pathologischem Wege kaum denkbar ist, und Meyer selbst eingesteht, dass für die zahlreich veröffentlichten Fälle von Enge der Lungenarterie aus den von den Autoren mitgetheilten näheren Umständen kein Schluss auf die Ursache dieser Enge gemacht werden könne. Lassen wir auch in diesen Fällen den wenn auch nur theilweisen Ursprung der Aorta aus dem rechten Ventrikel das Primäre sein, so können wir in einer sekundären Verengerung der A. pulmonalis wegen verminderter Bluteinfuhr in dieselbe, mit den übrigen mehr oder weniger modificirten Missbildungen im Gefolge, nichts Unbegreifliches mehr finden. —

Dem Bisherigen füge ich nun in der Kürze nur noch einige Bemerkungen über das Verhalten des ductus arteriosus Botalli und des foramen ovale in unserem Falle, im Vergleich mit anderen, bei. Meyer hat in seiner Arbeit hierüber, mit Berücksichtigung aller darauf einwirkenden Umstände, sehr einlässliche und schätzenswerthe Mittheilungen gemacht, wesshalb ich, hierauf mich beziehend, nur wenige Andeutungen über diese fötalen Wege an unserem Herzen geben will. Nach Meyer findet man in den Fällen von der oft besprochenen Zusammenstellung in der Regel das foramen ovale oder den ductus Botalli oder beide mehr oder weniger offen.

Die Thatsache, dass auch nicht seltene Ausnahmen von dieser Regel vorkommen, beweist uns jedenfalls, dass eine absolute Nothwendigkeit für jenes Offenbleiben nicht vorhanden ist. Wir können mit Meyer den wohl unbestrittenen Satz aufstellen, dass überall da, wo im fötalen Leben eine unvollständige Entleerung des rechten Ventrikels und damit eine Stauung in dem rechten Vorhofe mit der, bei unseren Missbildungen gewöhnlichen, mangelhaften Füllung des linken Vorhofs durch den Lungenkreislauf zusammentrifft, eine Strömung durch das foramen ovale aus dem rechten in das linke Atrium stattfinden und das Ergebniss davon das Bestehenbleiben dieser Oeffnung sein wird. Ist dagegen eine solche Stauung nicht, oder nur in mässigem Grade vorhanden, und der Abfluss des Blutes aus dem rechten Ventrikel durch den in beide Kammern getheilten oder der rechten ganz angehörigen Ursprung der Aorta erleichtert, wie in unserem Falle, ist ferner noch eine Stauung auf der linken Herzseite vorhanden durch die ungünstigen Verhältnisse der Blutentleerung aus der linken Kammer, wie sie gleichfalls unser Herz aufweist oder in Folge der Eindrängung des aus beiden Ventrikeln stammenden Blutes in die eine Aortenbahn, und ist dieser Stauungsdruck auf der linken Seite, im Stande, dem auf der rechten das Gleichgewicht zu halten, so wird keine Strömung durch das foramen ovale möglich sein, und es kann unter solchen Umständen diese Oeffnung durch die ungehinderte Entwicklung ihrer Klappe zum Verschlusse kommen. Demzufolge finden wir auch das foramen ovale an unserem Präparate fast ganz von seiner Klappe verlegt; nur noch eine schmale, 2 M. breite Spalte erhält die Cummunikation zwischen beiden Vorhöfen offen.

Eine andere Bewandtniss hat es mit dem ductus Botalli. Dieser bald mehr bald weniger entwickelte Gang hat im fötalen Leben die Aufgabe, das überschüssige Blut der A. pulmonalis, welches der Atelektase der Lungen wegen in diese nicht übergehen kann, aus der Lungenarterie in die Aorta überzuführen. Mit dem Eintritt der Athmung nach der Geburt dagegen wird der Gesammtinhalt der Pulmonalarterie in die Gefässbahnen der Lunge aspirirt, die Strömung durch den ductus Botalli hört auf und dieser Gang obliterirt zu dem nachherigen Ligamentum arteriosum. In den Fällen nun, in welchen in Folge einer bedeutenden Verengerung oder eines vollständigen Verschlusses der Pulmonalarterie die Lungen selbst das geringe Quantum Blutes, dessen sie bedürfen, aus diesem Gefässe nicht mehr zugeführt bekommen, in diesen Fällen wird dem ductus Botalli die entgegengesetzte Funktion zu Theil, nämlich die, Blut aus der Aorta durch die A. pulmonalis, resp. ihre Aeste in die Lungen überzuführen. Diese Funktion wird nach der Geburt unter der Einwirkung der Aspiration noch eine erhöhte sein müssen, und dieselben Verhältnisse, welche in normalen Breitegraden die Verschliessung des Ganges nach sich ziehen, bedingen in unseren Fällen mit einer gewissen Nothwendigkeit seine Offenerhaltung auch während des extrauterinen Lebens.

So finden wir an unserem Herzen den ductus Botalli von ungewöhnlicher Länge (2 C.) und Weite (5 M.). Derselbe stellt bei der vollständigen Atresie des Ostium arteriosum dextrum, wie hier, einen Ast der Aorta dar und tritt als solcher vicariirend für die A. pulmonalis ein, indem er einen Theil des Aortenbluts den Rami pulmonales und dem Blindsack des Lungenarterienstammes, aus welchem eine Art von Regurgitation stattgefunden zu haben scheint, zuführt.

In anderen Beobachtungen bei Obliteration der Lungenarterie oder gänzlichem Fehlen dieses Gefässes gingen die Rami pulmonales durch gabelige Theilung wohl auch unmittelbar aus dem Botalli'schen Gang als Aeste desselben hervor.

Es gibt nun aber gewisse Fälle von Missbildungen in der Lungenarterienbahn der beschriebenen Art, in welchen der ductus Botalli nichtsdestoweniger geschlossen angetroffen wird. Für diese Fälle müssen wir annehmen, dass entweder der Verschluss dieses Ganges schon während des fötalen Lebens eintrat und zwar, weil es einer Ausgleichung zwischen beiden grossen arteriellen Bahnen, also auch einer Strömung durch den ductus Botalli weder in der einen noch in der anderen Richtung bedurfte, sofern das durch die verengerte Lungenarterie fliessende Blut dem Bedürfnisse der fötalen Lungen gerade entspricht und der Blutdruck in beiden grossen Arterien daher der gleiche ist. Oder es kann die Obliteration des ductus Botalli während des extrauterinen Lebens erst zu Stande kommen, wenn die Blutzufuhr, welche die fötalen Lungen bei mangelhafter Versorgung durch die verengerte oder verschlossene Lungenarterie durch den Botalli'schen Gang aus der Aorta erhalten, nach eingetretener Athmung von den, durch die Aspiration, resp. den Druck der äusseren Luft, erweiterten Bronchialarterien übernommen wird. Die Ausdehnung der Bronchialarterien, welche bisher nur zu wenig Gegenstand der Aufmerksamkeit der Autoren war, wird nicht minder die Folge der inspiratorischen Erweiterung des Thorax bei der Athmung sein, wenn das durch die verengerte Lungenarterie einströmende Blut zur Füllung der Lungen nicht hinreicht, wie die Unterhaltung der Strömung aus der Aorta durch den ductus Botalli unter denselben Umständen; ja jene erstere wird die letztere zu ersetzen im Stande sein und somit die Erweiterung der Bronchialarterien eine Ablenkung des Blutstromes aus dem Botalli'schen Gang, und demzufolge einen Verschluss desselben noch nach der Geburt bedingen können. Leider vermochte ich in unserem Falle über das Verhalten dieser Arterien nichts mehr zu eruiren, doch dürfte diess hier, bei der weiten Durchgängigkeit des ductus, von untergeordneterer Bedeutung sein.

Etwas mehr als die eben besprochenen Verhältnisse wird uns nun noch im Folgenden die schon früher erwähnte Lücke im Septum ventriculorum, besonders in Rücksicht auf ihre anatomischen Eigenthümlichkeiten, über die wir nur erst einige wenige Andeutungen gegeben, sowie die Anatomie derjenigen Stelle des ausgebildeten Septum, welche bei normaler Beschaffenheit jener Lücke entspricht, beschäftigen, und ich widme daher der eingehenderen Besprechung derselben einen besonderen Abschnitt.

Lücke im Septum ventriculorum und Septum membranaceum.

Nachdem wir im Vorausgehenden die Entstehung des Defectes in der Ventrikelscheidewand in unseren und ähnlichen Fällen aus der unvollständigen Entwicklung derselben in Folge gehinderten Blutabflusses aus dem linken oder rechten Ventrikel zur Genüge dargethan haben, bleibt uns noch übrig, einen Blick auf die Grösse-, Form- und Lageverhältnisse solcher Lücken und ihre Beziehungen zum normal gebildeten Septum zu werfen.

Fassen wir bei dieser Betrachtung, unserem Plane getreu, vorerst nur die äussere Gestaltung und Anordnung der angeborenen, der unserigen analog durch Bildungshemmung entstandenen Oeffnungen in's Auge und sehen wir von den später erworbenen, durch Perforation nach Endocarditis oder durch Ruptur einer aneurysmatischen Ausbuchtung zu Stande gekommenen Durchsetzungen der Scheidewand und deren wesentlichen Formverschiedenheiten von jenen neben der durchgehends übereinstimmenden Lage beider noch gänzlich ab, so werden wir zunächst bezüglich der Dimensionen, welche jene als Hemmungsbildungen zu deutenden Lücken darzubieten pflegen, eine ziemlich grosse Wandelbarkeit wahrnehmen können. Von der rudimentärsten Entwicklung des Septum als schmale, nach Innen wenig vorspringende faltenartige Erhebung an der Herzspitze bis herauf zu dessen vollständigem Verschlusse gibt es eine Reihe von Uebergangsstufen, welche sämmtlich Oeffnungen von dem verschiedensten Umfange entsprechen. Je mehr das Septum in seiner Ausbildung zurückgeblieben ist, desto grösser erscheint eine solche, je weiter dieselbe vorangeschritten, desto kleiner ist ihre Lichtung. Hunter fand bei einem Knaben von 13 Jahren eine Lücke von der Grösse, dass er den Daumen, Corvisart bei einem gleichalterigen eine solche, dass er den kleinen Finger bequem durchschieben konnte. M. Speier[1] sah bei zwei Mädchen von 17 und 16 Jahren gleichfalls Lücken von Daumenweite. Bei einem männlichen siebenmonatlichen Fötus, der zu Meckel's Beobachtung kam, nahm dieselbe ein Drittel, bei zwei anderen ein Viertel der ganzen Scheidewand ein. Natürlicherweise werden diese Grössenverhältnisse immer in einer gewissen Beziehung zum Alter der Individuen stehen, welchen sie entnommen sind. Darum ist es nur ganz allgemein zu verstehen, wenn M. Speier in seiner Dissertation angibt, dass die Weite dieser Oeffnungen zwischen 2 und 16 Pr. Linien schwanke. In unserem Falle hatte dieselbe, wie früher erwähnt, eine Höhe von 8 M. und eine Breite von 5 M.

Aehnliche Differenzen machen sich in Betreff der Form bemerklich, indem diese bald als rund oder oval, bald als drei- oder vieleckig, bald endlich als ganz unregelmässig angegeben wird.

Wenn wir auf diese Momente zu wenig Gewicht legen, um sie bis in's Einzelne weiter zu verfolgen, so ziehen dagegen die Lageverhältnisse der Lücken in der Ventrikelscheidewand die Aufmerksamkeit in hohem Grade auf sich. Dieselben treten nämlich mit einer fast ausnahmslosen Regelmässigkeit an einer Stelle des Septum auf, deren eigenthümliche anatomische Beschaffenheit unter normalen Breitegraden erst der jüngsten Zeit nachzuweisen vorbehalten war, und welche als eine der merkwürdigeren neueren Errungenschaften in der Folge noch Gegenstand unserer näheren Untersuchungen sein wird. Ohne diese spezifische Stelle am ausgebildeten Septum zu kennen, war es schon verschiedenen älteren Autoren aufgefallen, dass alle Defekte desselben, welche zu ihrer Beobachtung gekommen, was auch deren Ursache gewesen sein mochte, immer die Mitte der Basis der Scheidewand unterhalb des Ursprungs der Aorta einnahmen. Die Constanz in dieser Anordnung erschien ihnen als eine so grosse, dass J. Fr.

---

[1] Diss.: De vitiis septi cordis, Vratisl. 1845.

Meckel, ehe er seine spätere Beobachtung gemacht hatte, es zum unbedingten Gesetze erheben zu können glaubte, dass Oeffnungen im Septum stets an dieser Stelle ihren Sitz haben; und Morgagni [1], der unter elf Herzen bei vieren eine solche Lücke unterhalb der Ostia arteriosa fand, gieng vollends von der Ansicht aus, dass dieselbe einen das ganze Leben hindurch mit Nothwendigkeit persistirenden Communikationsweg darstelle («hanc aperturam ad illas esse transferendam, quae per totam vitam restent»). Diesem regelmässigen Vorkommen gegenüber, auf dessen Begründung wir gleich zurückkommen werden, existiren indessen einige wenige Fälle, in welchen Defekte auch an anderen Stellen der Scheidewand vorgefunden wurden und ich hebe dieselben ihrer Besonderheit wegen in möglichst vollständiger Zusammenstellung hier hervor. Meckel kannte bei seiner grossen Erfahrung nur einen Fall aus eigener Anschauung, wo die Oeffnung im Septum nicht an der Basis, sondern einen halben Zoll von dem Ursprung der A. pulmonalis und Aorta entfernt war (diese entsprang dabei ganz aus der linken Kammer).

Mehrere Lücken neben einander an einer und derselben Scheidewand sahen Otto [2], Meckel [3] und Kreysig [4]. Der letztgenannte Autor beobachtete einmal, Tourtual [5] zweimal eine doppelte, beide Ventrikel verbindende Perforation des Septum. Peacock erwähnt einige Fälle, wo die Lücke näher der Spitze zu gelegen war, und einige andere, wo solche an verschiedenen Gegenden desselben gefunden wurden; eine sehr seltene Beobachtung nach ihm ist die einer Perforation derjenigen Stelle, welche den linken Ventrikel von dem Conus arteriosus des rechten trennt, wodurch die linke Kammer und der Ursprung der Pulmonalarterie mit einander in Communi-

---

[1] Opp. misc. ep. XV. 62.
[2] Seltene Beobactungen, Bd. II.
[3] Descriptio monstrorum nonnullorum etc. p. 11.
[4] Die Krankheiten des Herzens, Vol. III. p. 104.
[5] Zweiter anatomischer Bericht etc. Münster 1833. S. 62 und 86.

kation gesetzt wurden. Farre[1] führt einen Fall von Hodgson an, welcher neben anderen Missbildungen dadurch merkwürdig war, dass das Septum von der Seite des linken Ventrikels her drei siebförmige Durchblöcherungen zu erkennen gab. Aehnliche kleine, das Septum schief oder in Windungen durchsetzende Oeffnungen, welche aber als solche von keiner weiteren Bedeutung sind, sollen nach der Behauptung von Valsalva und Morgagni[2] da und dort vorkommen. Ganz besonderes Interesse bieten noch zwei Beobachtungen von Spittal[3] dar, von welchen uns auch M. Speicr in seiner erwähnten Dissertation eine kurze Notiz gibt. Bei diesen war nämlich keine Lücke in der Ventrikelscheidewand zugegen, aber an einzelnen Stellen derselben fehlte die Muskelsubstanz gänzlich und blos das Endocardium vermittelte die Scheidung zwischen beiden Herzkammern.

Sehen wir nun von diesen wenigen Ausnahmefällen im Weiteren ganz ab und kehren wir zu der Frage zurück, warum jene Stelle der Basis des Septum ventriculorum unterhalb des Aortenostium's der Lieblingssitz der Defekte und Perforationen ist. Die Antwort darauf ergibt sich zum Theil schon aus den früheren Auseinandersetzungen über die Entwicklung der Scheidewand. Es ist nämlich, wie wir gesehen, diejenige Stelle derselben, welche zuletzt zum Verschlusse gelangt, an welche die Reihe der Bildung nach allen übrigen kommt, welche daher auch, gleichsam als ob das Bildungsmaterial ausgegangen wäre, nicht mehr mit einem muskulären Stratum versehen ist, sondern nur eine häutige Scheidewand zwischen beiden Ventrikeln darstellt. Es wird desshalb auch diese Stelle diejenige sein, welche von einer Bildungshemmung zuvörderst betroffen, also vor allen anderen offen bleiben wird, und andererseits diejenige, welche zufolge ihrer dünneren Beschaffenheit und ihres geringeren Resistenzvermögens einer Perforation

---

[1] Pathol. Researches - Essay 1, On Malform. of the human Heart, London 1814.
[2] Epist. anatom. XV. 2.
[3] Paget's monographische Uebersicht von Missbildungen am Herzen.

nach einer endokarditischen Entzündung oder zufolge der Entwicklung eines Aneurysma am ehesten ausgesetzt ist. Diese Stelle, welche erst in unseren Jahrzehnten als integrirender Bestandtheil des Septum in die normale Anatomie des Menschen eingeführt wurde, ist von ihren wirklichen oder vermeintlichen Entdeckern bald mit dem Namen: »Pars membranacea septi«, bald mit dem des »Septum membranaceum« belegt worden. Wir behalten letztere Bezeichnung bei, indem wir damit diesen kleineren Abschnitt desselben dem weit grösseren, etwa als »Septum carnosum« zu benennenden, welcher bisher mit der ganzen Scheidewand identificirt wurde, gegenüberstellen. Von Interesse dürfte es vielleicht sein, der Erörterung der anatomischen Verhältnisse des Septum membranaceum einige historische Notizen über dasselbe vorauszuschicken.

Geschichtliches über das Septum membranaceum.

So klein der uns beschäftigende Theil des ganzen Herzens ist, so hat er doch schon seine eigenen Schriftsteller gefunden, und seine eigenen Streitfragen hervorgerufen, unter welchen die über die Priorität der Entdeckung nicht die letzte ist. Wie wir schon hervorgehoben, hat erst unsere neueste Zeit überhaupt Kenntniss von der Existenz des Septum membranaceum genommen, und wir suchen umsonst bei den grossen Koryphäen der Medizin im Alterthum, umsonst in den medizinischen Werken des Mittelalters, ja selbst in beinahe allen anatomischen Handbüchern aus den jüngsten Jahren ohne Erfolg nach einer Erwähnung dieser dünnen häutigen Stelle. Es ist diess um so mehr zu verwundern, als die älteren Anatomen von Vésal bis auf Haller über die Porosität der Herzscheidewand in lebhaftestem Streite gelegen, also doch wohl mit diesem Theile sich viel beschäftigt haben mussten. Statt allem aber führen sie nur da und dort in ihren Werken an, dass sie in dem einen oder anderen Falle eine membranöse Stelle, also wohl pathologischen Ursprungs nach ihrer Deutung, am Septum vorgefunden. J. Fr. Meckel kannte, wie aus einer Bemerkung in seinem Handbuch der pathol. Anatomie 1812. Bd. I. S. 432, da wo er von den Lücken im Septum spricht, hervorgeht, auch nur beim Seehund eine sehr dünne Stelle als normalen Befund in jener Gegend, ohne sich hiedurch, einen Schritt weiter, auf ein analoges Verhalten beim Menschen leiten zu lassen.

Im Jahre 1855 machte Prof. Hauska[1] in Wien in einem Aufsatze in der Wiener medizinischen Wochenschrift Nr. 9. »Ueber den Durchbruch des Septum ventriculorum cordis«, wie er glaubte zuerst auf das Septum membranaceum (welche Bezeichnung übrigens nicht von ihm herrührt) aufmerksam, und die meisten Autoren schrieben auch in der Folge ihm, wenn auch, wie wir gleich sehen werden, nicht mit Recht, die erste Entdeckung desselben zu. Durch jene Mittheilung angeregt stellte bald darauf ein junger Forscher, H. Reinhard noch als Studiosus medicinae sehr eingehende Untersuchungen über diesen Gegenstand an und legte dieselben in seiner Inauguralabhandlung nieder. Doch vor der Veröffentlichung derselben, ja ehe er mit der Abfassung derselben noch ganz zu Stande gekommen, ereilte ihn der Tod und nur den Bemühungen Virchow's gelang es, das Manuscript aufzufinden und der Literatur zu erhalten, indem er dasselbe in seinem Archiv Bd. XII. (neue Folge Bd. II.) Heft 2 u. 3. IX. dem Wortlaute gemäss wiedergab. Nach diesem Autor, dem wir die meisten Aufschlüsse hierüber verdanken, geschah zuerst im Jahre 1831 in einer unter Schönlein in Würzburg von Ernst Schliemann verfassten Dissertation: »De dispositione ad haemorrhagias perniciosas hereditaria« eine Erwähnung der gedachten Stelle, indem derselbe von einem Herzen wörtlich anführt: »Quae tamen videbantur morbosa haec sunt: Erat locus quadratus, pulmonalem ventriculum inter et aorticum etc., non clausus nisi membrana tenui et pellucida etc. und weiter unten:

---
[1] Nach anderer Lesart Hauschka.

adest in casu nostro vel appropinquatio ad atriorum ventriculorumque perforationem etc.« Während die Stelle also hier ganz richtig beschrieben wird, irrt der Verfasser noch darin, dass er ein pathologisches Produkt in derselben zu erkennen glaubt. Eine weitere Angabe entlehnt Reinhard dem Handbuche der speziellen Pathologie und Therapie von Virchow vom Jahre 1854, wo dieser in dem Abschnitte über die Hämophilie sagt: »Früher legte man grösseres Gewicht (nämlich bei dieser Krankheit) auf die unvollständige Entwicklung der Muskulatur des Septum's unter den Aortenklappen, indessen finde ich diese Mangelhaftigkeit so häufig ohne hämorrhagische Diathese, dass daraus wohl nicht zu viel geschlossen werden darf.« Endlich citirt er noch eine Stelle aus den Vorlesungen über die Missbildungen des Herzens von Peacock [1] (von 1855), welche den wahren Sachverhalt ganz genau darstellt und nach Reinhard die Prioritätsfrage zu dessen Gunsten entscheiden soll. Auf die eigentliche Spur der ersten Entdeckung des Septum membranaceum bringt uns aber erst eine Notiz in Virchow's Archiv Bd. XIII (neue Folge Bd. III.) XV. 2. zufolge einer brieflichen Mittheilung Lebert's an Virchow. Ersterer macht darin auf eine Stelle in Hope's Werk über die Herzkrankheiten (A treatise on the diseases of the heart IV Edit. 1849) aufmerksam, welche in nuce schon Alles enthält, was sich über die Anatomie des Septum membranaceum sagen lässt. Sie lautet: »It is well known to anatomists, that the highest part of the septum, which occupies the angle between the posterior and right aortic valves and which, in some instances of congenital malformation, is deficient, is in the human subject formed not of muscular fibres, but simply of the endocardium of the right and left ventricles almost in apposition, and strengthened only by the interposition of a little fibrous tissue continuous with that of the aorta.« Diese Stelle rührt aber nicht von Hope her, sondern ist wörtlich

---

[1] Lond. Med. Times und Journal Kinderkrkh. Hft 3 u. 4. 1855. S. 232.

einer Abhandlung Thurnam's (Medico-chirurg. Transact. 1838. Vol. XXI.) über das partielle Herzaneurysma entnommen. Dieser englische Schriftsteller also hatte, lange ehe in Deutschland etwas davon bekannt wurde, schon die präciseste Beschreibung jener Stelle geliefert. Ob und inwieweit sich diese Kenntniss des Septum membranaceum von Thurnam aus in der englischen Literatur nach rückwärts verfolgen lässt, vermag ich nicht zu sagen; jedenfalls wird bis zu der Entscheidung dieser Frage dem genannten Autor die Priorität zuerkannt werden müssen. Hauska dagegen gebührt das Verdienst, das novum zuerst in die deutsche Literatur eingeführt zu haben.

Nach dieser ausführlichen Abhandlung der Entdeckungsgeschichte des Septum membranaceum gehen wir zu der praktisch wichtigeren Schilderung der Anatomie desselben und zwar seiner Lage, wie seiner gröberen und feineren Strukturverhältnisse über.

Anatomie des Septum membranaceum.

Will man die häutige Stelle in der Scheidewand zu recht deutlicher Anschauung sich bringen, so führt man an jedem beliebigen, normal gebauten Herzen am besten einen Schnitt dicht neben und parallel dem Septum durch die ganze Länge des linken Ventrikels und verlängert denselben nach Oben in die Aorta, indem man dieselbe noch etwas spaltet, nach unten um die Herzspitze herum, so dass noch eine kleine Strecke der hinteren Fläche des Herzens eingeschnitten wird. Einen gleichen Schnitt führt man längs des Septum's auf der rechten Seite zur Eröffnung des rechten Ventrikels mit einer Fortsetzung in die A. pulmonalis: nur wird dieser Schnitt, den man, gleichfalls immer dicht·am Septum, von der vorderen Fläche der rechten Kammer zur hinteren herumleitet, an dieser weiter als links in die Höhe geführt, und zwar soweit, dass er gleichzeitig noch den rechten Vorhof von hinten her öffnet. Wird nun die ganze vorn und hinten losgetrennte äussere Wand des rechten Ventrikels nach oben und die des linken zur Seite geschlagen, so sieht man an dem völlig freigelegten Septum von der linken Kammer aus, zumal bei durchfallendem Lichte, augenblicklich an der Basis die dünne, pellucide Stelle, welche nach unten von dem scharf kontourirten Rande des Septum carnosum, aufwärts und seitlich von den nach oben ansteigenden, zu einem spitzen Winkel convergirenden Bögen der rechten und hinteren Semilunarklappe des Ostium aorticum begrenzt wird. Der freie Raum, welchen die convexen Seitenränder der letzteren zwischen sich lassen, stellt in der bezeichneten Ausdehnung das Septum membranaceum dar. Je nachdem die untere, von vorn nach hinten ziehende Grenzlinie mehr gerade oder mehr geschweift verlauft und die Seitenränder, statt unter einem Winkel, in einem Bogen, der nicht selten durch ein dünnes, die Kontour des Ostium arteriosum sinistrum verfolgendes Muskelbündel nach oben abgeschlossen wird, unter einander zusammenfliessen, ist die Gestalt des Septum membranaceum, von der linken Kammer gesehen, eine verschiedene; und zwar stellt sie in dem einen Fall ein Dreieck, dessen Grundlinie der Herzspitze zugekehrt, und dessen Spitze aufwärts gerichtet ist, in dem anderen Falle mehr ein von vorn nach hinten sich erstreckendes Oval dar; in einem dritten und vierten Falle erscheint sie mehr oder weniger unregelmässig, im Allgemeinen von länglich-eckiger Form.

Etwas verschieden von diesem Bilde präsentirt sich uns das Septum membranaceum vom rechten Ventrikel aus, wohl in Folge davon, dass für die Regel das Ostium arteriosum sinistrum in einem etwas höheren Niveau liegt als das angrenzende Ostium venosum dextrum, wesshalb auch die beide Oeffnungen trennende Scheidewand in einer gewissen Höhe noch der linken Kammer angehört, in welcher die Kehrseite schon als Septum atriorum erscheint. Es theilt nämlich in der Mehrzahl der Fälle der Insertionsring des inneren Zipfels der valvula tricuspidalis, welcher doch wohl die Grenze zwischen Vorhof und Kammer bildet, die durchsichtige Stelle auf der rechten Seite in zwei mehrweniger gleiche Hälften, von welchen die obere dem Atrium, die untere dem Ventrikel zufällt; letztere wird durch jenen Klappenzipfel, dessen Sehnenfäden bald über sie hinweglaufen, bald geringe Adhärenzen mit ihrem Endokardiumsüberzuge eingehen, grösstentheils verdeckt, so dass man, um eine gute Ansicht derselben von der rechten Kammer aus zu gewinnen, die Chordae tendineae erst von ihren Ansatzpunkten lostrennen und den ganzen Zipfel nach oben schlagen muss. Dieser Anordnung gegenüber ist es als ein selteneres Vorkommen zu bezeichnen, wenn die g a n z e häutige Stelle n u r dem rechten Ventrikel oder n u r dem rechten Vorhofe zugetheilt ist. Die Form erscheint auf der rechten Seite gewöhnlich etwas mehr rundlich; nach unten wird die Abgrenzung durch einen gleich ausgeprägten Muskelwall, wie links hergestellt.

Was die Dimensionen des Septum membranaceum betrifft, so wird die Grösse desselben beim Erwachsenen gewöhnlich (so von Hauska) mit dem Umfange einer Bohne oder Mandel verglichen; genauere Bestimmungen gibt uns Peacock[1] hierüber, indem er von der dreieckigen Gestalt der Stelle ausgehend anführt, dass die seitlichen Grenzlinien derselben durchschnittlich etwa 7 Linien lang seien, die Basis dagegen diese an Länge etwas übertreffe. Am gründlichsten belehrt uns H. Reinhard, welcher vergleichende Messungen bei 10 in der Grösse nicht sehr verschiedenen Herzen von erwachsenen Individuen angestellt hat. Bei diesen betrug im l i n k e n Ventrikel das Maximum der Ausdehnung von v o r n n a c h h i n t e n 20 M., das Minimum 11 M., v o n o b e n n a c h u n t e n das Maximum 15 M., das Minimum 4 M. Im r e c h t e n Ventrikel dagegen war die grösste Länge von v o r n n a c h h i n t e n 19 M., die geringste 7 M., die grösste Höhe von o b e n n a c h u n t e n 11 M., die kleinste 4 M. Es ergab sich somit daraus, dass im Allgemeinen die Ausdehnung der Pars

---

[1] On malform of the hum. heart etc.

membranacea im rechten Herzen sowohl horizontal als vertikal eine geringere ist als im linken; ebenso dass die Dimension im vertikalen Durchmesser grösseren Schwankungen unterworfen ist als im horizontalen. In einzelnen Fällen erstreckt sich das Septum carnosum auf Kosten des membranaceum so weit in den Winkel zwischen die beiden Semilunaren hinauf, dass letzteres auf eine verschwindend kleine Stelle beschränkt wird; doch gehören solche Beobachtungen denjenigen einer ausgebildeten häutigen Scheidewand gegenüber zu den Ausnahmen.

Die Dicke des Septum membranaceum war in den Fällen welche ich untersuchte, eine bedeutendere, als man nach den Angaben von Hauska vermuthen sollte, welcher dasselbe gewöhnlich so dünn gesehen haben will, dass von einem untergehaltenen Finger alle Linien und Furchen durchscheinen. Auch die Untersuchungen Reinhard's vermögen diese Wahrnehmung nicht zu bestätigen.

Die Frage über die Zusammensetzung und den mikroskopischen Bau der Pars membranacea hat im Laufe der Zeit zu verschiedenen Controversen geführt. Hauska stellte in dem citirten Artikel der Wiener medic. Wochenschrift die Ansicht auf, dass dieselbe nur eine Duplikatur der beiden Endocardiumsüberzüge des rechten und linken Ventrikels vorstelle, welche sich an dieser Stelle berühren und somit allein hier die Scheidung beider Herzabschnitte vermitteln sollen. Dieser Ansicht trat zuerst Luschka in seiner Abhandlung über »die Struktur der halbmondförmigen Klappen des Herzens«[1] entgegen, indem er den genauen Nachweis lieferte, dass das Gewebe der arteriösen Faserringe sich von der Aorta aus in das Septum membranaceum fortsetzt und hier zwischen das beiderseitige Endocardium eingelagert als sehniges Stratum die mittlere der 3 Schichten der genannten Stelle repräsentirt. Das dichte, sehr resistente Gewebe dieses Stratum's gibt sich, wie ich durch meine eigenen Untersuchungen

---

[1] Archiv für phys. Heilkunde. 1856. Heft 4.

bestätigen kann, als ein grössere und kleinere Maschenräume einschliessendes Netzwerk zu erkennen, dessen Fasern sich vielfach unter einander verflechten und zu Bündeln zusammentreten, welche meist in Bogenzügen angeordnet sind. Diese Fasern zeigen eine vollständige Unempfindlichkeit gegen Essigsäure und unterscheiden sich dadurch von den Bindegewebsfasern, welche durch dieses Reagens zu vollständigem Verschwinden gebracht werden. In dieses Netzwerk, in dessen Zusammensetzung auch zahlreiche elastische Fasern eingehen, findet man da und dort dunkelkontourirte Zellen und Zellenkerne eingestreut. Nirgends dagegen ist eine Spur von Muskelfasern zu entdecken. Das diese Gewebsschichte charakterisirende Faserwerk, welches sich von der beiderseitigen Endocardium's-lage leicht unterscheiden lässt, glaubt Luschka am besten den Fasern, welche er im Annulus fibrosus der Zwischenwirbelknorpel gefunden, beizählen zu können, und betrachtet beide als eine Art Mittelstufe zwischen den elastischen Fasern und der Bindesubstanz.

Peacock kennt jene fibröse Grundlage der häutigen Stelle ebenfalls ganz gut, wie seine Beschreibung derselben auf S. 21 seiner Arbeit über die Herzmissbildungen beweist, wo es heisst: »In this situation there naturally exists in the fully developed organ, a triangular space, in which the ventricles are only separated by the endocardium and fibrous tissue on the left side and by the lining membrane and a thin layer of muscular substance on the right«. Wenn jedoch dieser Schriftsteller mit den letzteren Worten noch auf die Existenz einer dünnen Schichte Muskelfasern, wie er sich ausdrückt, als eines integrirenden Bestandtheiles des Septum membranaceum auf der rechten Seite hinweist, so muss diese Behauptung dahin berichtigt werden, dass in manchen Fällen eine Anzahl Fleischfasern des rechten Vorhofes, welche in dessen vordere Wandung ausstrahlen, in ihrem Ursprunge so tief herabrücken, dass sie die fibröse Grundlage jener Stelle, von der sie entspringen, zum Theil noch verdecken.

Die auch von uns getheilte, richtige Ansicht über die mikroskopische Struktur der Pars membranacea septi, gegenüber der irrigen Hauska's, findet sich inzwischen in der englischen Literatur schon in jener oben erwähnten Stelle in Hope's Herzkrankheiten von Thurnam (vom Jahre 1838) vollständig niedergelegt in den Worten: »it (nämlich das Septum membranaceum) is formed simply of the endocardium of the right and left ventricles almost in apposition, and strengthened only by the interposition of a little fibrous tissue continuous with that of the aorta«. Auch scheint in England diese von Anfang an geltend gemachte Anschauung keinerlei Anfechtung ausgesetzt gewesen zu sein.

Ziehen wir endlich noch die vergleichende Anatomie über unseren Gegenstand zu Rathe, so finden wir nach den angestellten Untersuchungen von Albini und Reinhard, dass unter den Thierklassen, welche überhaupt eine Ventrikelscheidewand aufzuweisen haben, nur die Säugethiere, und zwar, wie es scheint, in grosser Allgemeinheit eine membranöse Stelle besitzen, während unter den Amphibien die Schildkröten hier eine konstante Communikationsöffnung beider Kammern erkennen lassen und bei den Vögeln die Semilunarklappen direkt auf dem Septum carnosum aufsitzen. Diese Eigenthümlichkeit soll sogar so konstant sein, dass Reinhard daraus ein differentielles Diagnostikum zwischen Säugethier- und Vogelherzen gemacht wissen möchte. Unter den Säugethieren wurde das Septum membranaceum bis jetzt von Albini, wie eine Notiz in Nro. 18 des Wochenblattes der Wiener Zeitschrift ergibt, beim Hund, beim Kaninchen (bei diesen beiden kann ich dessen Vorkommen aus eigener Untersuchung bestätigen), beim Eichhörnchen, bei der Ratte, beim Schwein und Igel und zwar genau in derselben Anordnung wie beim Menschen nachgewiesen. Reinhard fand dasselbe Resultat bei den von ihm untersuchten Objekten aus den verschiedensten Ordnungen, wie der Zweihufer, Vielhufer, Nagethiere, Carnivoren etc. Nur das Pferd soll eine Ausnahme hievon machen und beim Ochsen, wie auch beim Schaf und der Ziege nach Albini, entspricht die bekannte verknöcherte Stelle dieser Herzen unserer Pars membranacea septi. Albini's Untersuchungen vermochten auch ferner die schon berührte Thatsache zu bestätigen, dass zwischen die beiden Blätter des Endocardium's eine faserige Membran eingeht, in welche sich die umgebenden Muskelfasern gerade so wie in ein centrum tendineum inseriren. Wenn derselbe Forscher aber aus einer Beobachtung bei einem 5monatlichen Fötus, welcher noch eine Oeffnung im Septum membranaceum dargeboten haben soll von der Grösse, dass eine Fischbeinsonde durchgeführt werden konnte, die Zeit der Schliessung der Scheidewand hiernach für die Regel in jene späte Zeit verlegen möchte, so steht er damit im Widerspruch mit fast allen übrigen Autoren (wie Meckel, Meyer etc.), welchen Erfahrungen hierüber zu Gebote stehen.

Hat uns im Bisherigen die genaue Erörterung der anatomischen Verhältnisse des Septum membranaceum, als eines noch wenig gekannten Abschnittes des menschlichen Herzens, nach Gebühr längere Zeit in Anspruch genommen, so bleibt uns über den Grund eines nur häutigen Verschlusses an dieser Stelle wie über die physiologische Dignität derselben und ihr Verhalten bei der Contraktion des Herzens nur sehr wenig zu sagen übrig, und dieses Wenige beschränkt sich auf einige ganz unsichere Hypothesen. Wollen wir uns bezüglich der Entstehung der Pars membranacea mit der nichts erklärenden Phrase, es sei deren Ausstattung mit Muskelelementen im Bildungsplane des Herzens nicht vorgesehen, die letzteren, als die Reihe an sie kam, alle schon verausgabt gewesen«, nicht zufrieden geben, so müssen wir, ohne im Stande zu sein, etwas Besseres an ihre Stelle zu setzen, uns darauf beschränken, auf die Parallele zwischen diesem normalen Vorkommen und den 2 oben erwähnten Beobachtungen Spittal's hinzuweisen, bei welchen abnormer Weise solche häutigen Lücken in anderen Regionen des Septum vorgefunden wurden. Ebenso vermögen wir zur Lösung der Frage über die Aufgabe des Septum membranaceum bei den Herzkontraktionen, welche ausserhalb die Grenzen dieser Abhandlung fallen dürfte, nur auf die Beziehungen hinzudeuten, in welche dieselbe einerseits zu der Füllung der A. coronaria während der Diastole oder Systole, und andererseits zu dem noch unerklärten Phänomen gebracht wurde, dass die arteriellen Ostien durch die Zusammenziehungen des Herzens keinerlei Verengerung erfahren.

Einige Aufmerksamkeit verlangen dagegen noch die pathologischen Verhältnisse des Septum membranaceum, mit deren Besprechung wir wieder auf das zurückkommen, wovon wir zu Anfang dieses grösseren Abschnittes ausgegangen sind. Bis jetzt haben wir nämlich immer nur die Fälle, wo dasselbe nicht zur vollständigen Ausbildung gekommen, in's Auge gefasst, und aus einer solchen Bildungshemmung die Lücke bei unserer Beobachtung abgeleitet. Wir werden nun im Anschlusse uns Rechenschaft darüber geben müssen, ob nicht ähnliche Defekte der Scheidewand auch als Folge pathologischer Vorgänge, als Folge eines Durchbruchs der krankhaft veränderten Pars membranacea erscheinen können, und die Gründe für die Zulässigkeit oder Unzulässigkeit einer solchen Annahme für unseren Fall abzuwägen haben. Vor Allem halten wir fest, dass Lücken des Septum, wo immer wir solchen begegnen, ausschliesslich entweder einer unvollständigen Entwicklung desselben, oder einer Erkrankung, welche in der Regel eben die Pars membranacea befällt, ihre Entstehung verdanken. Erstere Fälle gehören ihrem Ursprunge nach der frühesten fötalen Periode, letztere entweder dem späteren embryonalen Leben oder der Zeit nach der Geburt an, und werden in dieser Hinsicht als angeborene und erworbene unterschieden. An die weitere Möglichkeit einer Perforation durch Sprengung der häutigen Stelle bei gesteigertem Blutdruck in der einen oder anderen Kammer durch Verlegung der Ausfluss-

Öffnung liesse sich wenigstens denken, und es wären hiernach Fälle anzunehmen, bei welchen eine noch nach dem zweiten Monate auftretende primäre Erkrankung in der Lungenarterienbahn nichtsdestoweniger eine Oeffnung im Septum in ihrem Gefolge haben könnte; aber gegen eine solche Möglichkeit spricht einmal die immerhin nicht zu gering anzuschlagende Festigkeit der durch jenes sehnige Stratum verstärkten Pars membranacea sowie der Gegendruck von Seiten des linken Ventrikels und am schlagendsten die oben angeführte Beobachtung Rokitansky's (einer unserer 6 Fälle), bei welcher trotz des vorhandenen erheblichsten Hindernisses für den Blutabfluss, in der Atresie des Ostium arteriosum dextrum, doch die Ventrikelscheidewand verschlossen gefunden wurde.

Gewöhnlich unterscheidet man zwischen angeborenen und erworbenen Lücken des Septum schlechtweg in der Art, dass man unter ersteren nur die durch Bildungshemmung und unter letzteren die durch pathologische Processe, sei es eine Endocarditis oder ein Aneurysma, entstandenen Lücken begreift. Demgemäss werden auch als Merkmale der angeborenen Oeffnungen das gleichzeitige Vorhandensein anderer Missbildungen, die mehr oder weniger abgerundete Form, die glatten Ränder, die glänzende polirte Oberfläche gegenüber der unregelmässigen Gestalt, den zerrissenen, mit häutigen Franzen oder verkreideten Stellen versehenen Rändern, der unebenen Oberfläche der erworbenen Perforationen angegeben.

Dem entspricht nun aber der wahre Sachverhalt nur zum Theil, indem das Septum membranaceum im fötalen Leben gerade so gut Sitz eines endokarditischen Processes werden kann wie im extrauterinen, und zwar mit demselben Rechte, mit welchem eine fötale Endocarditis den Conus arteriosus und die arteriellen Ostien nachgewiesenermaassen befällt. Ein solcher entzündlicher Vorgang, gleichviel ob er vor der Geburt oder nach derselben eintritt, vermag das Gewebe der dünnen Stelle so sehr aufzulockern, dass sie, unfähig, dem anströmenden Blute Widerstand zu leisten, einreisst und eine freie Communication zwischen beiden Ventrikeln herstellt; oder es finden atheromatöse Ablagerungen im Septum membranaceum statt, welche ihrerseits zur Perforation führen, wie es an den Klappen nicht selten der Fall ist; oder endlich diese ist das Ergebniss eines zur Berstung gekommenen Aneurysmasackes. Somit können auch solche Lücken angeboren vorkommen, welche jener oben gegebenen Charakteristik keineswegs entsprechen, sofern sie pathologischen Ursprunges sind, und es dürfte desshalb angemessener erscheinen, nach Maassgabe der äusseren Formverhältnisse der Defecte in der Scheidewand dieselben in ursprünglich offen gebliebene, wenn man will, im eigentlichen Sinne angeborene Lücken und in vor oder nach der Geburt am fertigen Septum auf pathologischem Wege entstandene einzutheilen. Die schon oben berührte glatte Beschaffenheit der Ränder, der unverändert erscheinende, glänzende Endocardiumsüberzug der Lücke in unserem Falle dürfte also auch von diesem Gesichtspunkte aus dieselbe jener ersten Gruppe zutheilen, wenn man nicht mit Bouillaud annehmen will, dass in Folge einer Erkrankung perforirte Stellen des Septum durch die ausgleichenden Vorgänge der Vernarbung nach einer gewissen Zeit ein ganz ähnliches Ansehen darbieten, wie durch Bildungshemmung von Anfang an bestehende Lücken desselben. Dieser Ansicht stehen aber gewichtige Erfahrungen entgegen, denen zufolge endocarditische oder aneurysmatische Durchbruchsöffnungen am Septum membranaceum, die nach Jahre lang dauernder Krankheit erst zur Obduction kamen, noch die unverwischten Spuren der früheren Erkrankung an sich trugen.

Solche Beobachtungen von Endocarditis mit folgender Perforation und von geborstenen aneurysmatischen Säcken an der häutigen Scheidewand sind übrigens, wenigstens die letztgenannten, sehr selten. Reinhard beschreibt in seiner Dissertation 4 Fälle von Aneurysmen an dieser Stelle, von denen 2 angeboren gewesen sein sollen, nur einer aber zu wirklichem Durchbruche geführt hatte. Einen solchen schildert auch Lambl in seinen »Beobachtungen und Studien aus dem Gebiete der pathologischen Anatomie und Histologie«. Prag 1860. Andere Fälle von Wulstung, Auflockerung und endlicher Zerreissung der Pars membranacea durch einen endocarditischen Process führen andere Schriftsteller in grösserer Anzahl an.

Noch einmal kommt uns hier die Bedeutung der eigenthümlichen Anordnung des Septum membranaceum auf der rechten Herzhälfte zu vollem Bewusstsein. Es wird nämlich, je nachdem die Insertion der Tricuspidalklappe diese Stelle dem rechten Vorhof oder Ventrikel ganz oder getheilt zuweist, die Perforation auch vom linken Ventrikel bald in die rechte Kammer, bald in die Vorkammer, bald in beide zugleich führen. Einen Fall, wo die unzweifelhaften Spuren einer Erkrankung des Septum membranaceum den Durchbruch desselben begründeten, und wo die Oeffnung aus dem linken Ventrikel in den rechten Vorhof führte, erwähnt Meyer; derselbe findet sich von Bühl in Henle's und Pfeufer's Zeitschrift N. F. Bd. V. S. 1 niedergelegt. Ein zweiter, sehr interessanter Fall wurde von Thibert und Fouquier [1] beobachtet; in diesem waren gleichfalls in Folge einer Zerstörung der bezüglichen Stelle der Scheidewand alle vier Herzhöhlen untereinander durch eine Perforationslücke verbunden.

Ein Fall eines geborstenen Aneurysma's am Septum membranaceum, dessen Beschreibung ich in der Kürze wiedergeben will, existirt auch in der hiesigen anatomischen Sammlung; derselbe wurde schon von Luschka in seiner Abhandlung über »den Brusttheil der unteren Hohlader des Menschen« [2] veröffentlicht. Der Durchbruch hatte hier eine Communication zwischen der linken Kammer und der rechten Vorkammer zu Stande gebracht. Folgendes sind des Autors eigene Worte darüber: »An dem Herzen eines jugendlichen

---

[1] Merkel's Archiv Bd. VII. S. 244 aus: Bullet. de la fac. de médec. T. VI. p. 355.

[2] Reichert's und du Bois-Reymond's Archiv. Jahrg. 1860. Heft 5.

Individuum vermochte man von der linken Kammer aus eine jener Stelle (der Pars membranacea) entsprechende, von gewulsteten, zerrissenen Rändern umgebene Lücke zu unterscheiden, welche in eine kleine, etwa dem Umfange einer Bohne gleichkommende, bluterfüllte Höhle führte. Die dünne Wand dieser Höhle bildete gegen das Atrium dextrum herein einen Vorsprung, also ein Aneurysma, welches an seiner erhabensten Stelle eingerissen war. Vorsprung und Rissöffnung betrafen das Gewebe des angewachsenen Randes des medialen Zipfels des Tricuspidalis, ohne dass diese irgendwie insufficient geworden ist.«

Wir haben uns in der vorliegenden Arbeit, wie es das Thema derselben mit sich brachte, überwiegend mit der Untersuchung der pathologisch-anatomischen und anatomischen Fragen, zu welchen unser Fall Veranlassung gab, beschäftigt. Die folgenden aphoristischen Bemerkungen mögen zum Schlusse genügen, auch dem klinischen Theile desselben, der, wie sich aus den Verhältnissen von selbst ergibt, hier sehr in Hintergrund treten muss, einigermaassen sein Recht zu Theil werden zu lassen. Ist es ja doch in den meisten Fällen solcher Missbildungen erst das Skalpell, welches die Einzelnheiten derselben zur wahren Erkenntniss bringt und die allgemeinen Symptome gestörter Respiration und Circulation, welche unsere Beobachtungen von Atresie des Ostium arteriosum dextrum während ihrer kurzen Lebensdauer mit allen übrigen angeborenen Herzanomalieen gemein haben, einer richtigen Würdigung und Deutung unterwirft. Solche Erscheinungen sind es denn auch, welche, nach den kurzen Notizen, die mir darüber zu Gebote stehen, das Kind, dem das beschriebene Herz angehörte, während der zwei Tage seines Lebens darbot; Erscheinungen von anfallsweise auftretender grosser Athemnoth, wenig ausgiebigen Herzcontractionen (sehr kleiner Puls), cyanotischer Hautfärbung, Unfähigkeit zu schlingen, kurz einer in jeder Hinsicht sehr mangelhaften Lebensthätigkeit, welche aber alle erst nach Verfluss des ersten halben Tages, an dem das Kind vollständig gesund zu sein schien, sich einstellten. Diese letztere Beobachtung, nach welcher unzweifelhaft angeborene Herzfehler ihre schädlichen Einwirkungen auf die verschiedenen Körperfunctionen nicht gleich von Geburt an zur Geltung brachten, ist auch, nur in noch viel umfassenderem Maassstabe, von anderen Schriftstellern gemacht worden, welche zuweilen erst nach Jahren an bis dahin ganz gesunden Individuen die charakteristischen Symptome jener Missbildungen (die tiefblaue Färbung der Körperdecken etc.) auftreten sahen.

Suchen wir uns nun, soweit es noch von Nöthen ist, die Gestaltung der circulatorischen Verhältnisse unter dem Einflusse des Verschlusses der Mündung der Pulmonalarterie klar zu machen, so ist in unserem Falle, wie wir gesehen, einem einzigen arteriellen Gefässstamme die Aufgabe zugetheilt, das von sechs Venenstämmen dem Herzen aus dem ganzen Körper zugeführte Blut wieder dahin auszuführen. Rechte und linke Kammer entleeren beide ihr vorwiegend venöses Blut in die Aorta; nur ein kleiner Theil desselben nimmt von dieser seitwärts seinen Weg durch den Ductus arteriosus Botalli und die Rami pulmonales in die Lungen, und kehrt von da, arteriell geworden, in die linke Herzhälfte zurück, um mit der weitaus grösseren Menge Venenblutes aus der rechten von Neuem sich zu mischen. Nur ein kleiner Theil des durch die Aorta in die verschiedenen Provinzen des Körpers versandten Blutes also hat geathmet, nur dieser kleinste Theil kann zur Ernährung, zum Stoffwechsel verwendet werden, und dazu kommt, dass bei der unvollständigen Entleerung der Kammern durch die eine Ausflussöffnung, bei der längeren Zeit, die es erfordert, bis das gesammte Blut nur einmal seinen Weg durch den ganzen Kreislauf gemacht, das Einzelorgan nur eine äusserst herabgesetzte arterielle Zufuhr erhält. Unter solchen Verhältnissen kann es nicht auffallen, wenn die Lebensfähigkeit der davon betroffenen Individuen eine sehr beschränkte ist.

Von den fünf in dieser Abhandlung mit dem unserigen

zusammengestellten Fällen erreichte der von Howship beobachtete das höchste Alter, nämlich nach seiner nicht ganz präcisen Angabe ein solches von 5—6 Monaten. (Von dem Falle Mauran's ist hierüber nichts aufgezeichnet.) Die geringste Lebensdauer von nur 2 Tagen zeigte, wohl unter dem Drucke der ungünstigsten Verhältnisse, das Kind unserer Beobachtung. Unter 22 Fällen von Obliteration der Pulmonalarterie, welche in Bezug auf die Circulationsstörung auf demselben Boden wie die unseren stehen, brachte es einer nach Peacock's vergleichender Zusammenstellung zu dem verhältnissmässig hohen Alter von 12 Jahren, drei zu dem Alter von 9 oder 10 Jahren; die übrigen achtzehn starben alle noch vor Ablauf des 2. Jahres, und zwar drei davon zwischen 12 Monaten und 2 Jahren, drei zwischen 6 und 12 Monaten, und die noch fehlenden neun überlebten nicht einmal die ersten 3 Monate.

Die oben gegebene Auseinandersetzung ist aber auch im Stande, die so hochgradige, durch ihre dunkle Nüancirung von der Hautfärbung bei erworbenen Herzkrankheiten unverkennbar sich abhebende Cyanose einigermaassen zu erklären, wenn anders das Zusammentreffen dreier so gewichtiger Momente, wie der ausgebildeten Stauung im venösen Kreislaufe, der beständigen Untermischung arteriellen und venösen Blutes und der unvollständigen Sauerstoffaufnahme in dasselbe zufolge der beschränkten Bluteinfuhr in die Lungen durch den Botalli'schen Gang, hiefür in Anschlag gebracht werden will.

Die Thatsache, welcher ich schliesslich noch gedenken möchte, und worüber schon Schuler und Nasse Vermuthungen aufgestellt, dass angeborene Bildungsfehler beim männlichen Geschlechte häufiger zu finden sind, als beim weiblichen, ergibt sich aus einer von Meckel ausgeführten Vergleichung der bis zu seiner Zeit bekannt gewordenen Fälle. Aus einer Reihe von 75 Beobachtungen bedeutenderer Missbildungen des Herzens (solche von offengebliebenem Foramen ovale nicht mit inbegriffen) stellte sich das Verhältniss der männlichen Fälle zu den weiblichen höher noch als 2 : 1 heraus. Wenn der genannte Forscher aus diesem Resultate aber das »ungezwungene« Ergebniss herleiten möchte, dass das weibliche Geschlecht ein geringeres Oxygenbedürfniss besitze als das männliche, so wird uns auch seine grosse Autorität einiger kleiner Bedenken hierüber nicht entheben können.

Erklärungen der Abbildungen.

Fig. 1.
Das unzerlegte Herz von vorne gesehen:
a) Rechter Vorhof.
b) Rechter Ventrikel.
c) Arteria pulmonalis.
d) Ramus pulmonalis sinister.
e) Ramus pulmonalis dexter.
f) Ductus arteriosus Botalli.
g) Linker Ventrikel.
h) Aorta.
i) Arteria coronaria cordis dextra.

Fig. 2.
Das aufgeschnittene Herz mit der Ansicht des rechten Ventrikels:
a) Rechter Vorhof.
b) Linker Vorhof.
c) Linker, halb geöffneter Ventrikel.
d) Innere Oberfläche der vorderen Wand des rechten Ventrikels.
e) Oberfläche des Septum ventriculorum gegen den rechten Ventrikel zu.
f) Lücke im Septum ventriculorum.
g) Aortenzipfel der valvula mitralis (vom linken Ventrikel aus durch die Lücke in der Scheidewand zum Aortenostium emporsteigend).
h) Ostium venosum dextrum.
i) Geöffnete Arteria pulmonalis.
k) Ramus pulmonalis dexter.
l) Ramus pulmonalis sinister.
m) Ductus arteriosus Botalli.
n) Aufgeschnittene Aorta.
*) Atresirtes ostium arteriosum dextrum.

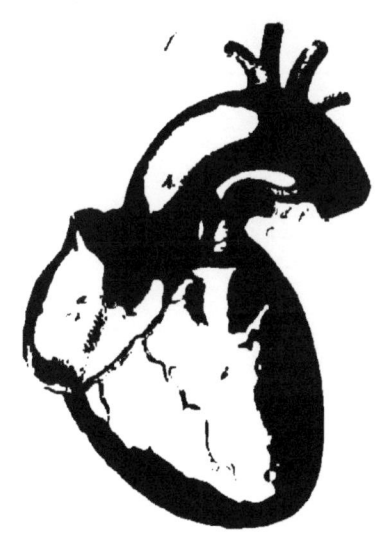

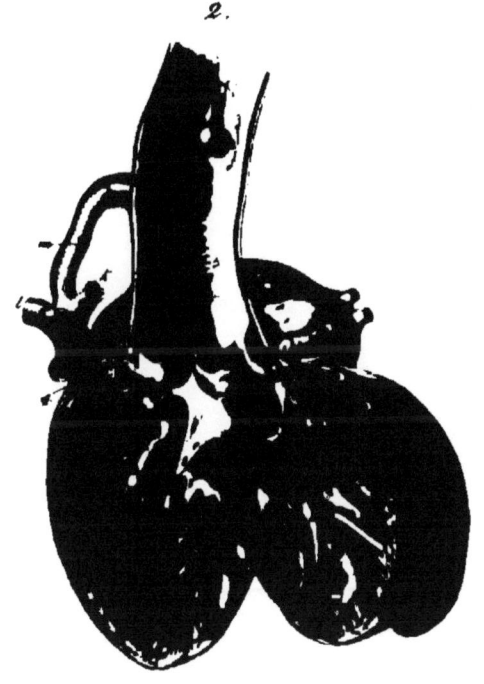

2.

C. Käno sc.